COURS

DE

PHYSIOLOGIE VÉGÉTALE

Professeur : M. FOUGERAS-SCHIFF
Ingénieur Agronome

Ecole du Genie Civil

placée sous le haut patronage de l'État

Enseignement sur place et par correspondance

Cours de Physiologie Végétale

I.- NOTIONS DE CHIMIE APPLIQUÉE AUX VÉGÉTAUX.

Ière LEÇON

Avant d'étudier la physiologie végétale proprement dite il paraît indispensable de rappeler quelques notions de chimie, et particulièrement de chimie organique. La connaissance de la chimie est en effet nécessaire à la compréhension des phénomènes de la vie: de nombreux résultats de la greffe animale et végétale, par exemple ne peuvent s'expliquer que par le rôle chimique joué par les aliments dans la formation et la reconstitution des cellules.

<u>Substances constitutives des plantes; analyse immédiate.</u>

Pour comprendre les transformations se produisant dans un végétal au cours de l'accomplissement des phénomènes vitaux, il faut d'abord connaître la composition de cet être vivant: il faut en effectuer <u>l'analyse</u>.

La détermination de l'état chimique des corps organisés comporte d'abord la séparation des différents principes (ou corps purs) qui les composent, et c'est <u>l'analyse immédiate</u>.

Puis on cherche la nature des éléments ou corps simples dont sont composés ces principes, au double point de vue qualificatif et quantitatif, et c'est <u>l'analyse élémentaire</u>, dont nous parlerons à la fin....

essences, etc...

3° Des substances organiques , quaternaires ou azotées: albuminoïdes, alcaloïdes, etc..

Ce sont ces trois cétagories de substances que nous allons étudier successivement.

I° Substances minérales.

Eau.

Prenons une plante quelconque, enlevons la terre adhérente et pesons la plante, puis abandonnons-là sur une table par exemple. Au bout de quelque temps, elle perdra sa rigidité, deviendra flasque: elle aura perdu de l'eau.

Pesons de nouveau la plante et soumettons-là à l'étuve. Cette plante diminuera encore de poids et elle aura encore perdu de l'eau.

L'eau de constitution forme toujours en effet une partie très importante de la plante. La quantité totale en varie avec la nature de la plante, la nature du sol, la nature et l'âge des organes,etc.., mais elle reste généralement voisine de 90 %.

Dans les feuilles lorsque la plante est en pleine activité vitale, la quantité d'eau peut atteindre 95 %.

Plus uneplante avance en âge et moins elle renferme d'eau, mais la quantité en reste toujours assez grande: c'est ainsi que dans une feuille sèche il reste encore 50 % d'eau.

Le rôle joué par l'eau dans la plante est primordial et complexe. Nous étudierons plus tard le mécanisme de sa circulation et ce qu'il en résulte pour la nutrition de la plante. Il nous suffira d'indiquer pour l'instant que c'est elle, grâce au phéromène d'osmose, turgescence et plasmolyse, qui,permet à la plante de maintenir son équilibre et sa morphologie et aux cellules de se développer.

Sels.

La plante étant desséchée comme il a été indiqué plus haut, coupons-là en morceau et plaçons là dans un récipient que nous chaufferons: elle brunit, noircit, puis des gaz s'échappent qui prennent feu. La substance redevient alors claire, grisâtre, et le résultat de cette incinération constitue les cendres ou matières salines.

Le poids des cendres varie avec les différentes plantes, les organes, l'âge de la plante, la nature du sol. La quantité relative en est faible, environ I/IO du poids total de la plante sèche; nous verrons néanmoins comment elles jouent un rôle essentiel.

Devant étudier les différents corps simples entrant dans la constitution des végétaux à la fin de la première partie du cours, nous nous contenterons d'étudier ici quelques substances minérales.

Chaux.

La chaux est indispensable à toutes les phanérogames et à la plupart des cryptogames. En dehors de son rôle proprement nutritif, elle joue un rôle antitoxique: dans la plante en effet, il se forme souvent des acides organiques, tels que l'acide oxalique. la chaux les neutralise.

Elle joue aussi vraisemblablement un rôle dans la fonction chlorophyllienne.

La majeure partie du calcium est absorbée sous la forme plus soluble de bicarbonate. Dans la plante on le trouve sous forme de CO^3 Ca ou d'oxalate de calcium.

La magnésie joue un rôle analogue à celui de la chaux. Elle se trouve surtout dans les organes jeunes, en voie de prolifération: probablement parceque dans ces organes il faut que les phosphates minéraux puissent se dissocier facilement afin de se transformer en phosphates organiques et que, justement les phosphates de magnésie sont bien plus aisément dissociables que les phosphates de chaux.

La potasse est indispensable à toutes les plantes sans exception. Les plantes marines même renferment deux fois plus de potassium que de sodium, alors que l'eau de mer contient vingt fois plus de sodium que de potassium.
Comme nous le verrons plus loin, il y a une relation certaine entre la présence de la potasse et la formation des hydrates de carbone par la fonction chlorophyllienne.

Le phosphore se rencontre sous forme d'acide phosphorique dans toutes les plantes. Lorsque la plante est jeune, on le trouve surtout dans les tiges et les feuilles. Après la fécondation, il émigre dans les tubercules, le bois et surtout les graines.

Les plantes renferment bien d'autres substances minérales encore, telles que : la silice (qui ne semble jouer qu'un rôle physique, notamment pour maintenir la rigidité de la tige, comme dans les graminées); des chlorures de potassium et surtout de sodium, d'autant plus que l'on se rapproche davantage de la mer, etc..

Le soufre entre dans la composition d'albuminoïdes complexes. Il semble indispensable à la constitution de la cellule.

2ème Leçon...

2ème LEÇON   2° Substances Organiques ternaires.

Au moment d'entreprendre l'étude des substances organiques entrant dans la composition des végétaux, il ne nous semble
pas inutile de rappeler succinctement les quelques notions suivantes:

Tous les corps organiques sont des composés du carbone.
Les quatre éléments fondamentaux de la chimie organique sont :
le carbone, l'hydrogène, l'oxygène et l'azote :

$$C_{|} \qquad H_{|} \qquad O_{|} \qquad Az \text{ (ou } N)$$

Certains composés ne contiennent que les deux premiers
de ces éléments, ce sont les composés binaires.

D'autres contiennent le carbone, l'hydrogène et l'oxygène,
ce sont les composés ternaires.

D'autres enfin contiennent les quatre éléments et ce
sont les composés quaternaires.

Parmi les principaux composés ternaires, nous avons les
alcools, de formule générale :

$$R \, (O \, H)^{n}$$

R représente un carbure d'hydrogène, dont on a soustrait une
fois H.
Autrement dit, un alcool est obtenu par le remplacement d'un
atome d'hydrogène par un atome d'oxhydrile dans un carbure d'hydrogène.
Exemple :

Le méthane CH^{4} donne l'alcool méthylique:

$$CH^{3} \, OH$$

L'éthane $C^{2} H^{6}$ donne l'alcool éthylique :

$$C^{2} H^{5} \, OH \quad \text{, qui est l'alcool ordinaire.}$$

Lorsqu'il n'y a qu'un oxhydrile, il s'agit d'un monoal-
cool. Lorsqu'il y a plusieurs oxhydriles, il s'agit d'un polyalcool
(ou alcool polyatomique), dont un exemple intéressant est fourni
par la glycérine :

$$CH^{2} \, OH \, - \, CHOH \, - \, CH^{2} \, OH$$
(trialcool)

dont les éthers sont les matières grasses que nous étudierons plus
loin.

Les <u>aldéhydes</u> sont le produit de l'oxydation des alcools primaires :

$$RCH_2 OH + O = H_2 O + RCHO$$
(aldéhyde)

Les <u>acétones</u> sont le produit de l'oxydation des alcools secondaires :

$$RCHOHR' + O = H_2 O + RCOR'$$
(acétone)

Les <u>acides organiques</u> sont des corps provenant de l'oxydation des alcools ou des aldéhydes et renfermant le groupement $CO_2 H$. C'est ainsi que l'acide acétique, provenant de l'alcool ordinaire ou éthylique, a pour formule :

$$CH_3 CO_2 H$$

Ces définitions étant rappelées, nous allons étudier plus particulièrement les substances organiques ternaires qui entrent dans la constitution des végétaux.

<u>Les sucres.</u>

Les sucres sont des corps répondant à la formule générale :

$$C^n (H_2 O)^p \qquad \text{(n étant égal à 5)}$$
$$\text{à 6, à 12 ou à 18}$$

qui est la formule des hydrates de carbone. Ils ont le goût sucré sont fermentescibles (c'est-à-dire qu'ils peuvent se décomposer en alcool et CO_2), se caramélisent sous l'action de la chaleur, sont doués d'activité optique et sont réducteurs.

Il n'y a d'ailleurs que trois ou quatre corps qui réunissent toutes ces qualités. Aussi a-t-on pris l'habitude de donner le nom de sucres à des corps qui réunissent seulement la majorité de ces qualités.

C'est ainsi que les polyalcools (définis plus haut) renfermant un nombre suffisant d'atomes de carbone sont considérés comme des sucres. Ces alcool polyatomiques ne sont pas réducteurs.

<u>Classification des sucres:</u>

Les sucres se divisent en deux grandes catégories: les sucres <u>simples</u> et les sucres <u>dédoublables</u>.
Ces derniers, dont le saccharose (sucre de canne ordinaire) est le type, se simplifient, sous l'action d'un acide étendu en deux sucres simples, tels que le glucose, d'après la formule :

$$C^{12} H^{22} O^{11} + H_2 O = 2\ C^6 H^{12} O^6$$

Les sucres dédoublables sont considérés comme des éthers-oxydes des sucres simples. On classe à côté d'eux des corps de forme semblable, mais très condensés, constitués d'un grand nombre de molécules et par là devenus insolubles. Ces corps (amidon, cellulose,..) sont plus particulièrement connus sous le nom d'hydrate de carbone.

Les sucres simples se subdivisent en deux catégories:

a) Ceux qui réduisent les oxydes de métaux lourds (oxyde de cuivre par exemple); ces sucres, outre qu'ils sont polyacools, renferment un radical aldéhyde ou acétone.

b) Ceux qui ne sont pas réducteurs. Ces sucres sont uniquement polyalcools. Ils ont le goût sucré, mais ne fermentent pas et ne se caramélisent pas.

La classification des sucres peut donc être représentée par le tableau suivant :

Sucres simples		Sucres dédoublables	
Polyacools	Polyalcools et aldéhyde ou acétone (Monosaccharides)	Ethers-oxydes (Disaccharides)	H. de carbone proprement dits (Polysaccharides)
Ex: Erythrite $C^4 H^{10} O^4$ Mannite $C^6 H^{14} O^6$	Ex : Glucose $C^6 H^{12} O^6$ Fructose,etc	Ex: Saccharose $C^{12} H^{22} O^{11}$	Amidon Cellulose etc.

Nous allons étudier quelques uns des sucres de chacune de ces catégories:

<u>A) Polyalcools.</u>

Nous citerons :

L'<u>érythrite</u> ($C^4 H^{10} O^4$) que l'on trouve à l'état de combinaison complexe dans les lichens à orcel, lichens rougesd'où l'on tire la matière colorante connue sous le nom d'érythrine.
L'érythrine peut être obtenue par le chauffage, sous pression de l'érythrite en présence de l'eau.
L'oxydation directe de l'érythrite donne de l'acide tartrique.

La <u>mannite</u> ($C^6 H^{14} O^6$) se trouve dans la manne qui exsude de certains frênes, dans plusieurs champignons, etc ... On On en trouve dans les vins filants, où, par suite de la fermentation mannitique, il s'est produit une hydrogénation du CO du fructose du raisin. Cet inconvénient peut être évité en antiseptisant par SO^2 .

La <u>dulcite</u> est fournie par plusieurs végétaux de Madagascar. Par oxydation elle donne du galactose, ou sucre de lait.

La <u>perséite</u> , du lano persea (Antilles), fruit de l'avocatier. En hydrogénant la perséite, on obtient un carbure d'hydrogène de la série benzénique qui se cyclise facilement et paraît être l'origine d'un grand nombre de corps de la série aromatique.

Tous ces polyalcools, qui sont les seuls sucres n'ayant pas la formule générale des hydrates de carbone, donnent, par oxydation, des aldéhydes correspondants, ou monosaccharides, que nous allons étudier maintenant.

B) <u>Monosaccharides</u>.

Ils répondent presque tous à la formule $C^6 H^{12} O^6$, mais il y a de nombreux isomères, dont la constitution intime (représentée par la formule développée) diffère.

Ces sucres réduisent les liqueurs cupro-potassiques. Ils sont extrèmement solubles dans l'eau, non volatils, se caramélisent facilement et sont tous doués du pouvoir rotatoire.

Sous l'action des acides forts (HCl ; $SO^4 H^2$) concentrés, ils se désorganisent et l'on obtient une matière noire, humique, semblable à la terre arable.

Les sucres en C^6 naturels sont les seuls sucres doués du pouvoir fermentescible .

Nous allons voir plus spécialement quelques-uns de ces sucres.

Le <u>glucose</u> ou sucre de raisin, encore appelé dextrose parcequ'il dévie à droite le plan de polarisation de la lumière, se trouve pour ainsi dire dans tous les végétaux. On le trouve distinctement dans tous les organes verts exposés à la lumière où il forme, ainsi que nous le verrons plus tard, un des premiers produits résultant de l'assimilation chlorophyllienne. Il se forme là par synthèse, probablement par condensation de l'aldéhyde formique.

Mais il provient aussi très fréquemment du dédoublement de sucres supérieurs. C'est ainsi que le saccharose qui s'accumule la première année dans la racine de la betterave, est, la seconde année, au moment du développement de la tige et des fleurs, hydraté et dédoublé en glucose et lévulose assimilables, par un ferment soluble spécial, l'invertine, suivant la formule :

$$C^{12} H^{22} O^{11} + H^2 O + (invertine) = C^6 H^{12} O^6 + C^6 H^{12} O^6$$

Saccharose   Glucose   Lévulose

Dans la germination de toutes les graines amylacées, il se forme du glucose sous l'influence de certaines diastases qui dédoublent l'amidon.

On trouve le glucose dans les fruits. Dans les fruits mûrs il est généralement en compagnie d'un isomère, le lévulose. Le glucose forme la partie solide, sirupeuse du miel, tandis que le lévulose en constitue la partie liquide.

Le glucose cristallise avec une molécule d'eau. Son point de fusion est 90°. Pour obtenir du glucose anhydre, il faut le faire cristalliser dans un alcool fort. On obtient alors un corps dont le point de fusion est 160°. ($\alpha_p = + 52°5$).

En hydrogénant le glucose, on obtient de la sorbite. En l'oxydant, on obtient de l'acide gluconique, puis de l'acide saccharique. Chauffé avec une base (potasse, soude) il donne l'acide lactique, d'après la formule :

$$C^6 H^{12} O^6 = 2 C^3 H^6 O^3$$

Pratiquement le glucose est rarement employé comme produit sucrant : à poids égal il sucre beaucoup moins que le sucre de canne, alors qu'il coûte aussi cher et possède un arrière goût farineux.

Dans la plante, le glucose peut subir deux sorts différents : une partie est détruite par les combustions, tandis que l'autre sert à la reconstitution des tissus, et cela de deux façons : en se condensant, il donne de la cellulose, en se combinant avec de l'azote il donne des albuminoïdes.

Le fructose ou lévulose est un isomère du glucose. Il dévie à gauche le plan de polarisation de la lumière. Il est très répandu dans les végétaux, où on le rencontre souvent en compagnie du glucose, notamment dans les fruits mûrs (raisin par exemple).

Le glucose et le lévulose sont en combinaison dans le sucre ordinaire ou saccharose. Ce dernier, en se dédoublant sous l'action de certaines diastases ou d'acides étendus redonne le glucose et le lévulose, d'après la formule :

$$H^2 O + C^{12} H^{22} O^{11} = C^6 H^{12} O^6 + C^6 H^{12} O^6$$

Saccharose	Glucose	Lévulose
(pouvoir rotatoire droit).	(pouv. rotatoire droit).	(pouv. rotatoire gauche).

On obtient donc un mélange de glucose ayant un pouvoir rotatoire droit et de lévulose ayant un pouvoir rotatoire gauche, mais plus fort que le pouvoir rotatoire droit du glucose. Aussi le mélange a-t-il un pouvoir rotatoire gauche, tandis que le saccharose avait, lui, un pouvoir rotatoire droit. C'est pourquoi ce mélange de glucose et de lévulose porte le nom de sucre interverti (Pouvoir

rotatoire :$\alpha_D = -2I°$)

Le lévulose est très soluble; il est même déliquescent. Il s'altère plus facilement que le glucose. Il fermente bien, un peu moins bien cependant que le glucose. Il possède un goût plus sucré que celui du glucose. Par réduction il donne des parties égales de mannite et de sorbite.

Pour en terminer avec les monosaccharides, nous allons étudier encore un isomère du glucose, le galactose.

Le galactose est uni au glucose dans le sucre de lait. On le trouve à l'état très condensé dans les gommes, les mucilages, les mucus. Il fermente plus difficilement que le glucose. Pour le faire fermenter on utilise des levures accoutumées d'abord dans un milieu renfermant à la fois du glucose et du galactose.

Par réduction, le galactose donne de la dulcite. Par oxydation il donne de l'acide galactique.

Citons enfin la _mannose_, dérivé des mannanes des graines à albumen corné (phytéléphas donnant le corroso ou ivoire végétal).

3ème LECON.

Parmi les substances constitutives des plantes, nous avons déjà étudié les substances minérales et commencé l'étude des _substances organiques ternaires_. Nous avons vu que ces dernières comprenaient d'abord les sucres, lesquels nous avons divisés en sucres simples et sucres dédoublables. Les sucres dédoublables, dont nous allons parler aujourd'hui comprennent les disaccharides et les polysaccharides.

C) _Disaccharides_.

Les disaccharides ou bioses peuvent être considérés comme le résultat de l'union de deux monosaccharides.

C'est ainsi que,
Le saccharose est constitué par une molécule de glucose et une molécule de lévulose, le lactose par une molécule de glucose et une molécule de galactose, le maltose par deux molécules de glucose.

Les disaccharides répondent à la formule générale :

$$C^{I2} H^{22} O^{II}$$

Ils sont dédoublables par les acides étendus et aussi par des diastases que l'on rencontre dans les végétaux, dans les cellules

voisines de celles où il y a du sucre.
Ces diastases sont généralement spécifiques, c'est-à-dire qu'elles ne dédoublent qu'un sucre déterminé et n'agissent pas sur les autres.

par exemple la sucrase, diastase secrétée par la levure de bière et certains champignons dédouble bien le saccharose, mais n'agit pas sur le maltose. Ce dernier n'est dédoublé que par la maltase.

Certains végétaux inférieurs produisent d'ailleurs les deux diastases. C'est ainsi que la levure de bière secrète à la fois la sucrase et la maltase.

Contrairement à ce qui a été fait pour les monosaccharides, on n'a pu reproduire par synthèse aucun disaccharide ou polysaccharide .

Nous allons maintenant voit particulièrement quelques disaccharides.

Le saccharose est très répandu dans les végétaux où on le trouve fréquemment dans les fruits, rarement pur. Dans le raisin par exemple, on trouve uniquement du sucre interverti; dans l'orange on trouve un mélange de sucre interverti et de saccharose. Il y a beaucoup de saccharose dans la châtaigne. (α_D = + 66°5)

Le saccharose existe dans de nombreuses tiges : tiges de l'érable à sucre de l'Amérique du Nord, du maïs (8 %); du sorgho à sucre de l'Amérique du Nord (15 à 20 %). La tige de la canne à sucre, une fois qu'elle a atteint sa longueur définitive, en renferme environ 20 % dans ses entre-noeuds. Les feuilles de la canne à sucre, elles, renferment à la fois du glucose, du saccharose et de l'amidon. La racine renflée de la betterave est également très riche en saccharose (jusqu'à 15-20 %).

Le saccharose cristallise très bien à l'état anhydre. En le faisant cristalliser autour de ficelles suspendues on obtient de très beaux cristaux de sucre candi.
Il est très soluble dans l'eau.
Pour qu'une solution de sucre se conserve il faut qu'elle soit concentrée à l'état de sirop afin qu'il se développe une pression osmotique suffisante pour empêcher la vie des moisissures et des organismes inférieurs.

Si on le chauffe, il fond à 160° ; Si alors on le laisse refroidir, il se solidifie en restant amorphe, et l'on obtient du sucre d'orge, lequel est d'ailleurs instable et, avec le temps, reprend son état cristallin et perd sa transparence.

Si, au contraire, on continue à chauffer après le point de fusion, il devient rose , puis brun et se décompose en donnant un produit amer, le caramel.

Chauffé en vase clos, il dépose du carbone pur et dégage de l'acétone et des goudrons. Brûlé à l'air, il dégage une odeur non désagréable et fait l'office de léger désinfectant (il se dégage là de l'aldéhyde formique).

Le saccharose s'hydrolyse, se dédouble facilement sous l'action des acides étendus et des diastases.
Il fermente sous l'action de la levure de bière.
Ce dernier phénomène peut paraitre en contradictionavec ce que nous avons dit plus haut, à savoir que seuls les sucres en C^6 étaient fermentescibles.
En réalité il n'en est rien et nous allons immédiatement donner une idée de ce phénomène, que nous étudierons plus longuement par la suite :

Le saccharose ne fermente que parcequ'il est préalablement transformé en sucre interverti. La levure de bière en effet secrète une diastase, l'invertine, identique à celle de notre liqui_de intestinal, qui hydrate le saccharose, puis le dédouble en glucose et lévulose :

$$C^{12} H^{22} O^{11} + H^2 O + invertine = C^6 H^{12} O^6 + C^6 H^{12} O^6$$

En outre, cette même levure de bière secrète un ferment alcoolique qui dédouble alors le glucose et le lévulose en alcool et CO^2, d'après la formule simplifiée (que nous complèterons plus tard) de Gay-Lussac :

$$C^6 H^{12} O^6 = 2 \quad C^2 H^6 O + 2 \quad C O^2$$

(Monosaccharide) (alc. éthylique)

Nous allons voir encore deux disaccharides, le maltose et le lactose.

Le maltose est constitué par deux molécules de glucose. On ne le rencontre pas directement dans la nature. Il se produit quand on soumet par exemple de l'empois d'amidon à l'action d'un extrait de graines de céréales (orge par exemple) germées. Cet empois se liquéfie, prend le goût sucré et réduit les liqueurs capro-potassiques.
Ce résultat est du à l'action d'une diastase, action qui se produit dans la germination des graines de céréales.

Pour préparer le maltose, on fait agir à 65° de l'extrait de malt (graines d'orge germées) sur de l'empois d'amidon, pendant 24 heures. Puis on concentre dans le vide et on ajoute de l'alcool, dans lequel les dextrines se précipitent.
Le maltose cristallise avec une molécule d'eau.

Le goût du maltose est assez sucré, un peu moins cependant que celui du saccharose. Comme tous les disaccharides, il renferme huit fonctions alcool.

Nous rappellerons à ce sujet que le goût sucré des sucres paraît être d'autant plus développé qu'ils renferment davantage de fonctions alcool. Souvent la présence de fonctions aldéhyde ou acétone augmente le goût sucré.

Cependant il y a quelques corps qui ne sont pas des sucres (ils ne sont ni alcools, ni aldéhydes, ni acétones) et qui ont le goût sucré, sans que l'on en connaisse la raison. Un exemple intéressant de ces corps est fourni par la saccharine, qui appartient à la série aromatique et possède un noyau benzénique. C'est un imide complexe répondant à la formule :

$$C^6 H^4 \underset{SO^2}{\overset{CO}{\diagdown \diagup}} NH$$

Son pouvoir édulcorant est de trois à quatre cent fois supérieur à celui du sucre ordinaire, mais ce n'est pas un aliment.

Le maltose fermente sous l'action de la levure de bière: il se produit d'abord un dédoublement analogue à celui subit par le saccharose.

Nous verrons en étudiant les fermentations le rôle qu'il joue dans la fabrication de la bière. Rappelons seulement ici qu'il y a deux phases dans cette fabrication: la saccharification de l'amidon par le malt; puis la fermentation sous l'action de la levure de bière.

Le lactose répond comme tous les disaccharides à la formule

$$C^{12} H^{22} O^{11}$$

Il est constitué par une molécule de glucose et une molécule de galactose (qui ont tous deux pour formule $C^6 H^{12} O^6$):

$$C^{12} H^{22} O^{11} + H^2 O = C^6 H^{12} O^6 + C^6 H^{12} O^6$$

Lactose   Glucose   Galactose

On le trouve dans le lait de tous les mammifères (qui en renferme I0 %) et là seulement.

Pour le préparer on fait chauffer du petit lait, puis on filtre, on concentre, on refroidit et on plonge une ficelle, autour de laquelle le lactose cristallise, avec une molécule d'eau.

Le lactose est moins soluble que le saccharose. Il n'a pas le goût très sucré. Il s'hydrate moins rapidement que le saccharose.

Nous bornerons à ces exemples principaux l'étude des disaccharides.

D - <u>Polysaccharides</u> -

Les polysaccharides sont produits par l'union d'un certain nombre, généralement grand de sucres simples, avec perte d'eau :

$$(C^6 H^{12} O^6)^n - (n - I) H^2 O$$

Leur formule exacte serait donc $(C^6 H^{10} O^5)^n + H^2 O$, mais on les représente généralement par $(\underline{C^6 H^{10} O^5})^n$ et ils sont très fréquemment désignés sous le nom d'<u>hydrates de carbone</u>.

Ils sont assez condensés pour être insolubles. Hydrolysés ils donnent presque uniquement des sucres en C^6.

La plupart peuvent en effet être simplifiés, soit par l'action d'acides étendus, soit sous l'action de diastases spécifiques. C'est ainsi que l'amylase transforme l'amidon en maltose.

Nous allons maintenant étudier plus spécialement quelques hydrates de carbone :

<u>Cellulose</u> -

$(C^6 H^{10} O^5)^n$, n étant plus grand que 5.
Attaquée par des acides (concentrés et chauds), elle donne uniquement du glucose. Elle se forme par condensation du glucose dans les végétaux, pour constituer la paroi des cellules.

La cellule végétale jeune est pourvue exclusivement d'une membrane azotée, mais elle se revêt peu à peu d'une membrane externe dite cellulosique, en réalité cellulosopectique, parce qu'elle renferme presque toujours, avec la cellulose, des composés pectiques, parfois aussi de la callose.

Aucune diatase n'agit sur la cellulose. Nous avons vu que la cellulose n'était que très rarement trouvée pure dans les végétaux. On en trouve cependant parfois de très pure : dans les fibres du coton, dans la moelle du sureau.

La cellulose n'est pas attaquée par les alcalis étendus, elle est insoluble dans tous les réactifs neutres. Elle est colorable en bleu par le chloroiodure de zinc et l'acide sulfurique iodé. Elle est soluble dans la <u>liqueur de Schweitzer</u>, qui est une solution ammoniacale de cuivre :

$$C u O , (N O^3)^2 C u.$$

appelée couramment réactif cupro-ammoniacal.

Ce réactif dissout la cellulose. Si l'on prend alors le liquide obtenu et que l'on y détruise la liqueur de SCHWEITZER

par un acide, on obtient de la cellulose précipitée. Ce n'est pas
en réalité de la cellulose pure, mais un hydrate de cellulose ,
l'hydrocellulose:

$$(C^6 H^{10} O^5)n + m H^2 O$$

On a utilisé cette propriété de la cellulose dans la fabrication de la soie artificielle : on fait une solution très épaisse de coton dans la liqueur de Schweitzer et on la fait passer en
fil dans un acide. On obtient un fil de soie artificielle ayant
un certain brillant et qui prend très facilement la teinture.

En traitant le cellulose par l'acide azotique, on obtient
de la nitro-cellulose; on a des produits d'autant plus nitrés que
le contact dure plus longtemps. Ces corps sont endothermiques, ex-
plosifs.

La cellulose est la matière première d'une foule d'indus-
tries. Outre celles que nous venons de citer plus haut, signalons :
la fabrication du papier, du parchemin, du collodion, du celluloïd
etc.....

Amidon : $(C^6 H^{10} O^5)n$

L'amidon est la substance nutritive la plus commune chez
les plantes. On le trouve dans presque toutes les feuilles vertes
éclairées par la lumière solaire, où il est le produit de l'assimilation chlorophyllienne. En outre, il s'accumule très fréquemment
dans certains organes qui s'hypertrophient à cet effet (graines,
bulbes, tiges et racines).

Suivant les organes, d'ailleurs, l'amidon ne s'accumule
pas au même moment. C'est ainsi que dans les feuilles, par exemple,
il s'accumule le jour et disparaît la nuit. Dans les tiges, il
s'accumule en hiver et disparaît au printemps.

Dans ce dernier cas en effet il sert (et c'est là son
rôle principal) de réserve nutritive.

S'il se forme dans les feuilles vertes au cours de la
journée, cela paraît tenir à une autre raison : sous l'action de
la fonction chlorophyllienne il se forme d'abord, semble-t-il de
l'aldéhyde formique (CH^2O) qui se condense sous forme de monosaccharide, le glucose par exemple $(C^6 H^{12} O^6)$. Ce glucose est très soluble, circule donc facilement dans la plante. Mais s'il s'en for-
mait en trop grande quantité, il circulerait moins facilement,
s'accumulerait dans les cellules en développant une pression osmotique trop forte qui les tuerait.
Ce glucose se condense donc sous forme d'amidon, lequel se
fixe sur place, et cette formation d'amidon est un phénomène de
défense de la part des cellules.

La nuit, pendant laquelle l'assimilation chlorophyllienne
est interrompue, cet amidon se solubilise sous l'action de l'amylase

et rentre dans la circulation pour se rendre aux points d'accumulation.

Dans la plante et particulièrement dans les organes cités
plus haut, l'amidon s'accumule dans les leucites (petits corps
blancs vivant inclus dans le protoplasme) qui peu à peu se transforme en amyloleucites, d'après le processus suivant :

D'abord le leucite l ne renferme que de la matière protoplasmique qui reste jaune sous l'action du réactif iodé : il n'y
a pas encore d'amidon. Puis un point a, vers la partie médiane
se colore en violet sous l'action du même réactif : c'est un grain
d'amidon qui commence à se former et grossira de plus en plus jusqu'à ce qu'il reste seulement un grain d'amidon a'.
Il peut d'ailleurs se produire des arrêts dans la formation
de l'amidon. Ce dernier se constitue donc par apports successifs.

Les grains d'amidon présentent une forme caractéristique
suivant l'espèce de la plante à laquelle ils appartiennent. Leur
examen microscopique donne par là un moyen de vérifier la pureté
des farines. Nous verrons plus tard, en étudiant les réserves se
constituant dans les plantes, quelques formes caractéristiques de
grains d'amidon suivant les espèces.

On peut extraire l'amidon mécaniquement des cellules qui
le renferment : on broie ces cellules, ce qui donne de la farine.
En malaxant cette dernière sous un filet d'eau, il s'écoule un liquide qui est constitué par de l'amidon en suspension dans l'eau
(le gluten, matière azotée, collante, n'est pas entraîné). L'amidon
ainsi obtenu n'est pas pur; il contient encore des matières albuminoïdes dont on peut se débarrasser en le laissant à l'air : les
matières albuminoïdes sont détruites par l'action de microbes, tandis que l'amidon n'est pas attaqué.

En le faisant essorer, on obtient une sorte de cristallisation: amidon en aiguilles.
Les alcalis dissolvent l'amidon.
L'amidon est insoluble dans l'eau: l'eau tiède fait gonfler
les grains et forme l'empois utilisé pour le repassage du linge.

Au point de vue chimique, d'ailleurs, le grain d'amidon
n'est pas une substance homogène. Il est constitué de deux matières.
Dans un grain d'amidon de pomme de terre, par exemple, l'enveloppe
est constituée par une série de sacs emboîtés les uns dans les autres, ayant la propriété de se gonfler dans l'eau chaude et de se
teinter en rouge violacé dans l'iode. La substance qui les constitue est l'amylopectine (ou amidon pectique).

A l'intérieur se trouve une substance un peu différente l'amylose, soluble dans l'eau bouillante (en réalité on obtient seulement une pseudo-solution), colorable en bleu franc par l'iode.

Pour les séparer on projette à différentes reprises de l'eau chaude sur l'amidon: l'amylose se dissout et l'amylopectine reste

En chauffant l'amidon avec un acide étendu, on obtient une matière soluble dans l'eau, la dextrine. Si l'on continue cette action de l'acide, on obtient directement du glucose.

Il faut distinguer cette action hydrolysante de l'acide étendu de celle résultant de l'action de la maltase du malt Là, il se fait uniquement du maltose.

Si dans certains cas de germination des céréales on ne trouve pas de maltose, c'est qu'avec l'amylose il y a également une autre diastase, la maltase, qui dédouble le glucose.

Signalons enfin que l'amidon renferme dans sa constitution un certain nombre de fonctions alcool.

<u>Dextrines.</u>

Les dextrines sont le produit de la simplification de l'amidon. Leur formule générale est $(C^6 H^{10} O^5)^n$, étant plus petit que l'exposant correspondant à l'amidon.

On les obtient par l'action d'un acide chauffé étendu d'eau sur l'amidon.

On obtient d'abord des produits ayant une coloration rouge(érythrodextrine), puis jaune, puis des produits incolores.
La dextrine précipite abondamment l'alcool.
On en trouve dans beaucoup de plantes, où elle entre notamment dans la constitution des gommes.

Les dextrines possèdent un très fort pouvoir pouvoir rotatoire droit($\alpha_0 = 200°$ environ).
Pour préparer la dextrine blanche (qui est réductrice), on fait une pâte contenant de l'amidon (dans la proportion d'un tiers) et de l'eau (même proportion) à laquelle on ajoute un acide très dilué. En employant de l'acide chlorhydrique (H C l) on obtient des dextrines un peu plus blanches.

On pourrait obtenir des dextrines également en chauffant l'amidon seul(jusque vers 200°) La transformation n'est d'ailleurs pas absolument complète. Il reste de l'amidon intact. On obtient par ce procédé de la dextrine jaune.

Les dextrines sont d'excellents agglutinants. Elles servent de colle. Elles sont précipitables par l'alcool, hydrolysables en glucose sous l'action des acides étendus ou des diastases.

Les dextrines ne sont pas fermentescibles: dans le courant de la préparation de la bière, elles restent en suspension.

<u>Inuline</u> : $(C^6 H^{10} O^5)n$

L'inuline se rapproche de la dextrine. Dans certaines plantes (composées : topinambour, dahlia; certains champignons et lichens), les réserves sont constituées par inuline et non par l'amidon. Cette inuline est dissoute dans le suc cellulaire. Les cristaux d'inuline ne sont pas colorés par l'iode.

L'inuline est insoluble dans l'eau froide, très soluble dans l'eau chaude. Elle possède un pouvoir rotatoire gauche.

Insoluble dans l'alcool, l'inuline est obtenue en beaux sphérocristaux par une cristallisation lente dans l'alcool un peu étendu.

Sous l'action des acides étendus, de même que sous celle d'un ferment soluble rencontré dans les plantes, l'inulase, l'inuline se dédouble en lévulose et donne un peu de glucose.

<u>Glycogène.</u>

C'est un hydrate de carbone également voisin de la dextrine. Il est soluble dans l'eau et précipitable par l'alcool. On le rencontre surtout dans le foie des animaux où il se forme aux dépens des hydrates de carbone plus simples et où il s'insolubilise.

Le foie des Mollusque est très riche en glycogène et le foie des moules est même utilisé pour le préparer.

Cet hydrate de carbone se rencontre parfois en grande abondance chez les champignons. Il remplace, chez ces végétaux sans chlorophylle, l'amidon que secrètent les plantes vertes. Le glycogène est ordinairement dissous dans le suc cellulaire (bolet), quelquefois sous forme de granulations (ergot du seigle en germination).

Il est colorable en rouge brun par l'eau iodée.

<u>Composés pectiques.</u> $(C^6 H^{10} O^5)n$

Les composés pectiques, qui constituent généralement la lamelle moyenne unissant les membranes cellulosiques propres à deux cellules adjacentes, comprennent surtout :

<u>La pectose</u>, unie à la cellulose dans les membranes molles, facilement transformable en acide pectique insoluble;

<u>L'acide pectique</u>, à l'état de pectate de calcium insoluble dans l'eau, mais soluble dans les carbonates alcalins et dans l'oxalate d'ammonium;

<u>La pectine</u>, soluble dans l'eau.

Ni solubles dans le réactif de Schweitzen, ni colorables en bleu par les réactifs iodés, les principes pectiques fixent (en liqueur neutre ou acide) colorants basiques: bleu de méthylène, brun Bismarck, vert d'iode, safranine, par lesquels la cellulose n'est pas colorée.

Une analogie étroite existe entre les composés pectiques et les gommes qui en dérivent.

<u>Callose</u> –

La callose est un autre hydrate de carbone associé à la cellulose dans la membrane de certains champignons, dans la lamelle moyenne des cellules mères du pollen. Insoluble dans le réactif de Schweitzer, non colorable par les réactifs iodés, la callose fixe l'acide rosolique, le bleu d'aniline, etc..

Gommes et mucilages. Ce sont des hydrates de carbone variables, très condensés, encore mal connus chimiquement, amorphes, translucides et précipités par l'alcool.
Ces substances exsudent de certains arbres. Les lactées en renferment une forte proportion.
On appelle gommes celles de ces substances qui sont solubles dans l'eau et mucilages celles qui s'y gonflent sans se dissoudre.

La gomme arabique comprend de l'arabinose et du galactose. La gélose ou agar-agar est tirée de certaines algues du Japon se gonflant au contact de l'eau bouillante, et se solidifiant par congélation.

Cutine, subérine, lignine - Chez les cellules qui forment la surface des organes végétaux ou qui en sont voisines, et chez les cellules qui deviennent libres (spores et grains de pollen), la membrane, formée de couches concentriques, se modifie progressivement de l'extérieur à l'intérieur, en s'épaississant, de la façon suivante :

La cellulose $(C^6 H^{10} O^5)^n$ se transforme en cutine $(C^6 H^{10} O)^n$ colorable en jaune brun par le chloroiodure de zinc, en rose par la fuchsine. La cutine retient d'ailleurs énergiquement les couleurs d'aniline.
Insoluble dans le réactif de Schweitzer, dans l'eau, l'alcool et l'éther, elle se dissout dans la potasse concentrée et bouillante.
Une couche cutinisée traitée par la potasse, bleuit par l'iode et se dissout dans le réactif de Schweitzer, présentant ainsi les caractères de la cellulose. La cutine était donc une sorte d'incrustation. L'ensemble des couches cutinisées de la membrane constitue la cuticule.
Les couches de cellules situées ordinairement au-dessous de l'assise épidermique subissent la subérification, c'est-à-dire que la cellulose y est transformé en subérine , substance identique à la cutine quant à ses propriétés.
Le liège est formé par la superposition d'assises cellulaires subérifiées. Toute membrane cutinisée ou subérifiée joue un rôle protecteur.

La plupart des éléments qui constituent le bois et l'appareil de soutien de la plante (cellules scléreuses, ponctuées, cannelées, spiralées, scalariformes) ont la membrane incrustée de lignine $(C^{19} H^{24} O^{10})$ pauvre en oxygène comme la cutine. L'amylobacter , dont nous parlerons ultérieurement ne peut attaquer les membranes lignifiées.
Colorable en jaune par le chloroiodure de zinc, en rose par la fuchsine, en rouge par la phloroglucine additionnée d'acide chlorhydrique, la lignine est insoluble dans le réactif de Schweitzer mais soluble dans la potasse à I35° et dans l'acide azotique ($NO^3 H$). Ainsi débarrassée de lignine, la membrane présente les caractères de la cellulose.

<u>Les corps gras</u> -

Les corps gras sont des éthers-sels de la glycérine qui, comme nous l'avons vu est un trialcool.

Rappelons que les éthers-sels sont des corps obtenus par la réaction d'un acide sur un alcool, d'après la formule générale:

Alcool + acide = éther - sel + eau.

Dans le cas particulier, l'alcool est constitué par la glycérine: les acides sont des acides gras :

$$C^{16} H^{32} O^2 \quad : \quad \text{acide palmitique.}$$

$$C^{18} H^{36} O^2 \quad : \quad \text{acide stéarique.}$$

$$C^{18} H^{34} O^2 \quad : \quad \text{acide oléique.}$$

La glycérine, elle, répond à la formule : $C^3 H^5 (OH)^3$

Un corps gras, le tripalmitate de glycérile, par exemple, aura donc pour formule :

$$C^3 H^5 (C^{16} H^{31} O^2)^3 \quad , \text{ ayant été obtenu par}$$

la réaction :

$$C^3 H^5 (OH)^3 + C^{16} H^{32} O^2 = C^3 H^5 (C^{16} H^{31} O^2)^3 + 3 H^2 O$$

Glycérine   Ac.palmitique   Corps gras

Cette réaction est connue sous le nom de saponification, car elle est utilisée dans la fabrication des savons.

La réaction inverse est d'ailleurs possible et dans les végétaux on trouve des diastases capables de dédoubler les matières grasses en glycérine et acides gras (ce qui est nécessaire pour permettre l'utilisation des acides gras pour la combustion respiratoire ou la régénération des cellules.)

Les corps gras comprennent les huiles, qui sont liquides et où dominent les oléates(Ce sont surtout elles que l'on rencontre dans les végétaux) et les graisses qui sont solides.

Les corps gras sont insolubles dans l'eau et insolubles dans l'alcool (sauf l'huile de ricin). Ils ne sont pas volatils: si on les chauffe, ils ne se distillent pas, mais se décomposent vers 300°.

Les corps gras sont très répandus dans certaines graines, telles que la noix, le colza, le ricin, etc.., dont on les extrait sous forme d'huile. Ils y représentent des réserves nutritives de nature ternaire , au même titre que l'amidon des graines féculentes.

Les huiles existent dans les cellules sous forme de petites gouttelettes microscopiques.

Parmi les corps gras d'origine végétale il faut encore citer les beurres végétaux qui ne sont liquides qu'aux environs de 30° et qui ont la même consistance que les graisses animales. Les plus importants sont le beurre de cacao extrait du cacaoyer, le beurre de coco qui existe dans la graine du cocotier.

Glucosides et tanins.

Des corps neutres ou faiblement acides, désignés sous le nom de glucosides se rencontrent en dissolution dans le suc cellulaire de nombreux végétaux. L'esculine (écorce de marronnier) la digitaline (digitale), la salicine (tige du saule et du peuplier), l'amygdaline (feuille du laurier-cerise et du prunier), le myronate de potassium (crucifères) etc, sont quelques-uns de leurs représentants.

Tanins.

Les tanins sont les plus répandus de tous. Leurs principes sont répartis dans tous les organes. Abondants chez le chêne (écorce et noix de galle), le peuplier, le bouleau, ils sont l'objet d'une exploitation industrielle pour le tannage des peaux (la peau fraîche forme avec le tanin un composé imputrescible).

Tous ces composés peuvent s'hydrater et se dédoubler en glucose et principes divers.

Essences et résines.

Les huiles essentielles ou essences sont des carbures d'hydrogène liquides et très volatils qui prennent naissance chez beaucoup de végétaux, d'où la parfumerie en retire un très grand nombre.

Elles sont très peu solubles dans l'eau et s'évaporent rapidement. Elles s'oxydent au contact de l'air et se transforment en résine, produit solide, non volatil, soluble dans les essences et insoluble dans l'eau.

La plupart des essences communes se forment à la surface des feuilles ou des pétales (thym, lavande). Chez d'autres végétaux les essences prennent naissance dans l'intérieur de la plante et sont secrétées par de petits canaux secréteurs (ombellifères: persil carotte, anis; nombreuses composées: absinthe, camomille, etc..).

Les résines sont des produits solides résultant de l'oxydation des essences abandonnées à l'air. Il s'en produit également dans les tissus végétaux, pures ou mélangées à des essences, auquel cas on les appelle des oléorésines. Leur degré de solubilité dans l'alcool est assez variable. Elles fondent à une température peu élevée.

Le type des oléorésines est la térébenthine des conifères.

La myrrhe et l'encens, produits par des plantes de la famille des térébenthacées, sont des mélanges de gommes et de résines.

4ème LEÇON

Nous allons en terminer aujourd'hui avec le rappel des notions de chimie appliquées aux végétaux.

Parmi les trois groupes de substances que l'analyse immédiate révèle dans toutes les plantes, nous avons étudié les deux premiers (substances minérales et substances organiques ternaires) Il nous reste à examiner maintenant le troisième et dernier groupe, constitué par les substances organiques quaternaires ou azotées.

3° Substances organiques

azotées -

Si l'on part d'un carbure d'hydrogène de formule générale RCH^3, on obtient en faisant des substitutions conformément à la valence des éléments :

$$R C \equiv N \quad : \text{ nitrile.}$$

$$R C H^2 N H^2 \quad : \text{ amine.}$$

$$R C H N H \quad : \text{ imine.}$$

D'une amine on peut tirer un composé oxygéné

$$R C \diagdown \begin{array}{l} N H^2 \\ O \end{array} \quad \text{auquel on donne le nom d'amide.}$$

Nous allons étudier plus spécialement quelques unes des substances organiques azotées qui entrent dans la constitution des végétaux.

Acide cyanhydrique: $H C N$, ou, en représentant les valences

$$H - C \equiv N$$

C'est un liquide se solidifiant à -26°; de densité 0,7. Ce corps est très toxique. Il se solubilise dans l'eau et d'alcool. Il rougit faiblement la teinture de tournesol et s'unit aux bases. Mais il ne contient pas la fonction $C O^2 H$. Il constitue ce que l'on appelle un pseudo-acide. C'est un acide très faible ne décomposant pas les carbonates, tandis que le gaz carbonique décompose les cyanures. Réduit par H, il donne l'amine correspondante.

L'acide cyanhydrique ne se rencontre pas directement dans les végétaux, mais il s'en forme souvent lorsque l'on broie les cellules de ces derniers. Voici l'explication de ce phénomène: toutes les plantes renfermant des glucosides renferment également, mais dans des cellules voisines, des diastases capables de transformer ces glucosides en dégageant $H C N$.

Si l'on broie ces végétaux, les diastases sont mises au contact des glucosides, et il y a production d'$H C N$.

C'est ainsi que l'on obtient cet acide en broyant des amandes amères avec de l'eau, en froissant des feuilles de laurier.

Les racines de manioc contiennent des glucosides et les diastases correspondantes. C'est pourquoi on ne peut les consommer qu'après broyage et aération pendant 48 heures: alors l'$H C N$ est parti.

Le haricot de Java (Phaseolus lunatus) contient des corps semblables aux amides, qui, décomposés par le suc gastrique, donnent de l'acide cyanhydrique toxique, ayant causé des accidents chez les animaux d'autant plus que la cuisson ne détruit pas cette action toxique - Berthelot a réussi la synthèse de $H C N$ par l'action des effluves électriques sur un mélange d'acétylène et d'azote :

$$C^2 H^2 + N^2 = 2 H C N.$$

Alcaloïdes.

Nous avons vu que les amines proviennent du remplacement de l'hydrogène d'un carbure par le groupement amidogène NH^2, ou bien, ce qui revient au même, par le remplacement de l'hydrogène de l'ammoniaque NH^3 par un radical alcoolique.

Selon le degré de substitution, on obtient successivement:

$$NH^3 \qquad\qquad NH^2R \qquad\qquad NHR^2 \qquad\qquad NR^3$$

Ammoniaque   Amine primaire   Amine secondaire   Amine tertiaire

Ces radicaux alcooliques ne sont d'ailleurs pas nécessairement pareils.

Les __alcaloïdes__ sont des amines secondaires, d'origine végétale, à formule généralement compliquée, de forme basique, ayant tous une action marquée et généralement toxique sur les organismes animaux, même à dose très faible.

Les alcaloïdes précipitent avec un grand nombre de réactifs. Ils se trouvent dans les végétaux sous forme de sels: oxalates, tartrates, etc..

Pour les extraire on en fait une solution aqueuse et on précipite par le pétrole, par un acide, etc..

Nous allons donner en exemple l'extraction de la __quinine__:

On broie l'écorce du quinquina et on la jette dans de l'eau additionnée de chaux. Cette chaux décompose la solution et met la quinine, qui est insoluble dans l'eau, en liberté. Cette quinine n'est d'ailleurs pas pure. Alors on la dissout dans le pétrole, puis on fait agir SO^4H^2, qui donne du sulfate de quinine, lequel se précipite, étant insoluble dans le pétrole, tandis que les impuretés restent dissoutes dans le pétrole.

Cette quinine est fébrifuge. Sa formule est

$$C^{20}H^{24}N^2O^2$$

Elle est employée en pharmacie surtout sous forme de sulfate de quinine. $(C^{20}H^{24}N^2O^2)^2 \; SO^4H^2, + 8H^2O.$

Elle est très peu soluble dans l'eau, possède un goût amère intense. On l'extrait surtout des quinquinas jaunes.

La __caféine__, principe actif que l'on rencontre dans le café, le thé et le chocolat, est un corps très voisin des alcaloïdes parmi lesquels nous citerons encore : la morphine, la codéine, la strychnine.

Acides aminés.

Il existe des corps qui peuvent être à la fois amines et alcools, d'autres amines et acides, etc.. Ces derniers sont désignés sous le nom d'amino-acides ou acides aminés.

Ces corps présentent à la fois tous les caractères des acides et de l'ammoniaque, mais ils sont neutres sur le tournesol. Ils possèdent un goût sucré.

Citons par exemple: la __bétaïne__, qui provient de la betterave, de formule :

$$(CH^3)^3 N - CH^2 - CO^2H \; ;$$
$$\quad\;\; | $$
$$\quad OH$$

l'acide aspartique, qui est un biacide, possédant un léger goût sucré. C'est le plus fréquent des biacides aminés.

Asparagine.

Nous avons vu que les amides sont des corps oxygénés dérivés des amines :

$$R\ C\ H^3 \qquad\qquad R\ C\ H^2\ N\ H^2 \qquad\qquad R\ C \underset{O}{\overset{N\ H^2}{\diagdown}}$$

Carbure   Amine   Amide

On peut également les considérer comme dérivés de l'ammoniaque.

Une amide intéressante est représentée par l'asparagine, qui est la monoamide de l'acide aspartique :

$$C\ O^2\ H \quad C\ H^2 \quad C\ H^2 \quad C\ O^2\ H \ : \text{acide succinique}$$

$$C\ O^2\ H \quad C\ H^2 \quad C\ H\ N\ H^2 \quad C\ O^2\ H \ : \text{acide aspartique}$$

$$C\ O^2\ H \quad C\ H\ N\ H^2 \quad C\ H^2 \quad C\ O\ N\ H^2 \quad : \text{asparagine}$$

L'asparagine est un produit de désassimilation des matières azotées. On la trouve fréquemment dans les pousses germant à l'abri de la lumière, où elle provient du dédoublement des matières azotées de la graine. Si on met ces pousses à la lumière, l'asparagine se transforme en matières albuminoïdes.

On l'obtient en faisant germer des graines de vesce dans l'ombre. En plongeant dans l'alcool glycériné la tige hypocotylée du lupin blanc jeune, on détermine de belles cristallisations blanches d'asparagine.

Albuminoïdes .

Les albuminoïdes sont des substances qui par leurs propriétés physiques et chimiques se rapprochent de l'albumine du blanc d'oeuf.

En dehors de cette albumine, nous pouvons citer comme exemples: l'osséine, la gélatine, la matière cornée des ongles, les soies, etc.

Elles se rapprochent chimiquement beaucoup de la matière vivante, active du protoplasme, en particulier du noyau.

Toutes les matières vivantes renferment de l'azote sous forme albuminoïde, et en proportion d'autant plus grande que leur activité est plus considérable.

Ces matières albuminoïdes semblent essentiellement constituées par la condensation d'acides aminés. Mais leur composition exacte est beaucoup plus complexe. Citons à titre d'exemple, la composition élémentaire % de l'albumine du blanc d'oeuf :

C : 50 - 55	O : 20 - 24
H : 6 - 7,5	S : 0,3 - 2,5
N : 15 - 18 (moyenne 16 %)	P : 1 à 3

Certaines albumines sont insolubles dans l'eau, d'autres sont pseudo-solubles. Ce sont des matières colloïdales, qui généralement se coagulent dans l'eau, sous l'action de la chaleur.

Leurs poids moléculaires sont inconnus, extrêmement élevés (voisin de 10.000, par exemple, pour l'albumine de l'oeuf, avec 250 atomes de carbone).

On arrive, très difficilement d'ailleurs, à les dédoubler, par des alcalis ou des acides, à température élevée. On obtient quelque soit l'albuminoïde, sensiblement les mêmes produits de dédoublement : la plupart sont des acides aminés (aspartique, aminoacétique, etc..)

Ce dédoublement peut se faire, moins brutalement, par des diastases (distases protéioniques). Nous en étudierons quelques unes en nous occupant de la nutrition des végétaux.

<u>Aleurone.</u>
Les matières albuminoïdes mises en réserve forment des grains d'aleurone quand on les observe dans des conditions spéciales

Un <u>grain d'aleurone</u> comprend ordinairement une substance fondamentale (matière albuminoïde concrète) et des inclusions.

a) La <u>substance fondamentale</u> est soluble dans l'eau pour les grains d'aleurone des graines de ricin (aussi ne peut-on y observer ces grains qu'en plongeant la préparation dans la glycérine ou l'alcool). Elle est presque insoluble dans l'eau pour les grains contenus dans les graines de lupin, de fève, de blé, etc.. Observés dans l'eau, ces derniers grains ont un aspect spongieux. Cette substance fondamentale forme le gluten des céréales, la conglutine des légumineuses.

b) Les <u>inclusions</u> sont isolées ou groupées: isolées, elles forment des <u>globoïdes</u> (graminées); des cristaux d'oxalate de calcium associés en mâcle (quelques ombellifères);- groupées, elles ont l'aspect de cristalloïdes et de globoïdes (graine de ricin).

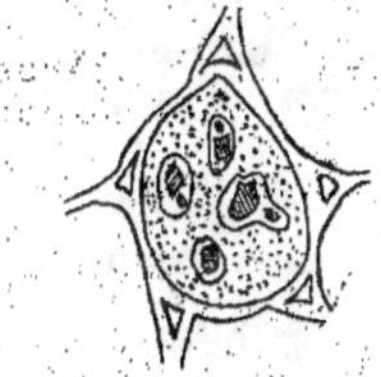
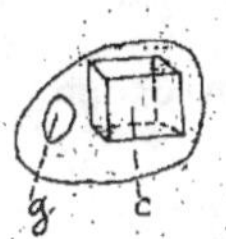

Grains d'aleurone dans une cellule (ricin)

Globoïde (g) et cristalloïde (c) dans un grain d'aleurone.

Un <u>cristalloïde</u> est un corpuscule albuminoïde, à contours géométriques, gonflables par l'eau qui en modifie les angles; ce n'est donc pas un cristal à proprement parler.

Un <u>globoïde</u> paraît être une concrétion de glycérophosphate ou de malophosphate de calcium et de magnésium.

Les grains d'aleurone des légumineuses ne renferment pas d'inclusions.

<u>Corps simples</u> entrant dans la <u>constitution</u> des végétaux.

Nous avons vu jusqu'à présent les différents corps purs ou groupes de corps purs dont sont constitués les végétaux. Mais ces corps purs eux-mêmes sont composés d'éléments ou <u>corps simples</u>, que l'on détermine par l'<u>analyse élémentaire</u>.

L'étude détaillée de l'analyse élémentaire est trop vaste pour être effectuée dans le cours de physiologie végétale. Il nous suffira d'en rappeler ici quelques principes.

Dans ce genre d'analyse, on se propose: d'une part de déterminer la nature des éléments ou corps simples constituant le corps que l'on examine, et c'est l'analyse <u>qualitative</u> ; d'autre part on détermine la quantité, la proportion de chacun de ces éléments, et c'est l'analyse <u>quantitative</u>.

D'une façon générale, on effectue l'analyse qualitative en utilisant différents produits, auxquels on donne le nom de réactifs, et qui donnent, avec des corps déterminés, une coloration également déterminée, ou des précipités aisément reconnaissables.

Pour l'analyse quantitative, on cherche généralement à obtenir des précipités de composition bien définie, et que l'on pèse. On évite quelques fois cette dernière opération, en utilisant certaines liqueurs titrées, dont on se contente de mesurer le volume. (Volumétrie: acidimétrie, alcalimétrie).

Comme nous l'avons vu au commencement du Cours, une plante desséchée renferme deux catégories de substances: si en effet on l'incinère, une partie s'en va sous forme de <u>gaz</u>, une autre reste dans la coupelle, sous forme de matière grisâtre et constitue ce que l'on désigne sous le nom de <u>cendres</u>.

L'analyse élémentaire des gaz (provenant des matières organiques) montre qu'ils sont composées de quatre corps simples: le carbone, l'hydrogène, l'oxygène et l'azote :
Le carbone se dégage à l'état de CO_2.
L'Hydrogène à l'état de vapeur d'eau.
L'azote se dégage un peu à l'état libre et surtout sous forme de gaz ammoniac (NH_3).
L'oxygène entre dans la constitution du CO_2 et de H_2O dégagés précédemment.

<u>Cendres.</u>
Si maintenant on effectue l'analyse élémentaire des cendres provenant d'un végétal, on constate qu'elles sont constituées de <u>dix</u> éléments minéraux essentiels :

4 à caractère acide : P , S , Cl , Si

6 à caractère basique : K , Na , Ca , Mg , Fe , Mn.

Ces dix éléments se retrouvent toujours dans les phanérogames, et même dans toutes les plantes inférieures(il semble cependant que le calcium puisse manquer totalement ou en partie chez certaines muscinées).

Ces dix éléments se retrouvent toujours dans les plantes,
mais leur proportion en est très variable. Cette proportion différente tient à l'espèce même de la plante, et aussi à la nature du
sol dont elle provient.

La quantité relative des cendres est variable suivant les
organes de la plante considérés: c'est ainsi que les racines laissent assez peu de cendres à l'incinération; les tiges en ont relativement peu, et d'autant moins (proportionnellement) qu'elles sont
plus âgées. Les feuilles sont les organes qui, de beaucoup, renferment le plus de cendres. Dans le bois, c'est le coeur qui renferme
le moins de cendres.

Parmi les deux éléments essentiels constituant les cendres
des végétaux, nous avons étudié dans la première leçon de ce Cours
à laquelle nous renvoyons, sept d'entre eux (C a , M g, K, P, s ,
C l, S,), en indiquant la forme sous laquelle on les rencontrait,
et le rôle probable joué par eux.

Nous allons dire quelques mots des autres :

Le sodium: il est très difficile de dire si ce corps est
absolument inutile pour la plante. Autrefois on lui accordait une
grande importance. PELLIGOT a démontré qu'il était beaucoup plus
rare qu'on ne le pensait et que même certaines plantes n'en renfer-
maient jamais.

Il semble que dans certains cas le sodium puisse remplacer
le potassium: pas au point de vue purement physiologique, mais par
exemple pour neutraliser certains acides.

Le fer joue un rôle obscur. Il est cependant indispensable.
Il entre dans la constitution de certaines nucléines. S'il n'y a pas
de fer la fonction chlorophyllienne ne s'effectue pas normalement,
et cependant il est curieux de constater qu'il n'y a pas de fer dans
les cendres de la chlorophylle.

Le manganèse se rencontre toujours dans les phanérogames
Il entre sans doute dans la composition de certaines oxydases.

REMARQUE -

Des recherches plus récentes ont montré qu'à côté des
dix éléments fondamentaux que nous venons d'examiner et qui se trouvent en quantité relativement grande, il existe dans les plantes des
sels en quantités infinitésimales (quelques milligrammes). A priori
cela n'est pas étonnant, le sol ayant dans sa constitution toutes
sortes d'éléments qui peuvent monter dans la plante et se trouver
là par le hasard de l'évaporation : Cuivre, titane, bore, parfois
arsenic, souvent zinc.

Mais des expériences encore plus récentes semblent mon -
trer que ces substances ont un rôle encore plus profond qu'on ne
le pensait. Ces éléments sont probablement(cela est sûr pour le
manganèse) indispensables pour la constitution de certaines diastases.

Les éléments entrant dans la constitution des végétaux
sous un grand poids (C a, P, etc..) sont appelés éléments plastiques
Les autres sont dits éléments catalytiques.

(Fin de la Ière Partie)

<u>Sujets de devoirs</u> se rapportant à la première Partie du Cours.

Tous les renseignements nécessaires à la rédaction de ces devoirs sont contenus dans le cours qui précède, mais il peut être nécessaire de les rechercher dans plusieurs leçons.

I - Substances minérales entrant dans la constitution des plantes :

<u>Ière Question</u> - Eléments à caractère acide, la forme sous laquelle on les rencontre, leur rôle.

<u>2ème Question</u> - Eléments à caractère basique, la forme sous laquelle on les rencontre , leur rôle.

II - Substances organiques ternaires entrant dans la constitution des plantes :

<u>Ière Question</u> - Sucres. On montrera comment l'on passe des simples aux plus complexes et comment peut s'effectuer le dédoublement de ces derniers.

<u>2ème Question</u> - Substances ternaires fortement condensées, leur rôle physique et physiologique.

III - Substances organiques azotées entrant dans la constitution des végétaux :

<u>Ière Question</u> - Substances jouant un rôle utile.

<u>2ème Question</u> - Substances nuisibles ou de désassimilation.

<u>5ème LEÇON</u>

II - ECHANGES DE MATIERE ENTRE LA PLANTE ET LE MILIEU EXTERIEUR -

Dans cette seconde partie du cours, nous allons étudier les phénomènes de nutrition des plantes, élément par élément, puis les phénomènes d'excrétion.

<u>I° Sources de carbone pour les plantes vertes</u> -

Une des propriétés fondamentales des végétaux verts consiste à puiser dans l'air extérieur le carbone dont ils ont besoin pour faire la synthèse de leurs composés carbonés, et particulièrement des substances organiques ternaires.

Cette propriété est la résultante de l'assimilation chlorophyllienne.

Assimilation chlorophyllienne -

C'est la propriété que possèdent les parties vertes des plantes, quand elles sont exposées à la lumière, d'absorber CO_2 du milieu extérieur pour faire la synthèse de leurs hydrates de carbone et de dégager de l'oxygène.

Cette synthèse ne peut avoir lieu que grâce à un écran, la chlorophylle.

La chlorophylle est un pigment lié de façon très intime au protoplasme incolore. Nous avons vu précédemment comment elle constitue les leucites chlorophylliens, et ce que sont ces leucites.

Nous allons dire quelques mots des propriétés de la chlorophylle.

Extraction de la chlorophylle -

La chlorophylle est insoluble dans l'eau, soluble dans les alcools, l'éther, le sulfure de carbone, le chloroforme, la benzine. On obtient une solution verte plus ou moins intense. Si on la soumet à l'évaporation, il reste avec cette chlorophylle des matières cireuses, grasses, etc.. dont il faut se débarrasser.

On n'obtient d'ailleurs pas ainsi de la chlorophylle pure proprement dite, car, en même temps que cette dernière, il se dissout de la xantophylle, matière colorante jaune pâle. Pour séparer ces deux pigments, on peut agir de la façon suivante :

Après avoir dissous dans l'alcool fort la substance colorante des feuilles d'un végétal, on filtre la solution sur du noir animal, lequel retient les deux pigments et laisse passer l'alcool.

Pour séparer ces deux pigments, on jette sur le noir animal de l'alcool faible (60°), lequel dissout seulement la xantophylle. Puis on ajoute de l'éther, qui dissout la chlorophylle pure. Cette dernière solution, évaporée doucement laisse déposer de petits cristaux en aiguilles. Ces cristaux s'altèrent très facilement à l'air et à la lumière.

Pour séparer les deux pigments dissous dans l'alcool, on peut encore ajouter à la solution un volume égal de benzine. Le liquide se sépare alors en deux couches: une inférieure, jaune, qui est une solution alcoolique de xantophylle et une supérieure, verte, qui est une solution de chlorophylle dans la benzine.

Il semble bien que la chlorophylle soit un éther-sel contenant du magnésium. On ne sait exactement comment elle prend naissance. C'est probablement par suite de la décomposition d'un albuminoïde.

Le leucite chlorophyllien ou chloroleucite est composé : d'un corpuscule albuminoïde incolore (leucite proprement dit) et de deux matières colorantes chlorophylle: verte; xantophylle ou étioline: jaune, qui est d'abord seule dans le leucite et peut se développer sans le secours de la lumière, ce que ne peut la chlorophylle).

Il y a également, mais en plus petite quantité, une troisième matière colorante, la carottine, de couleur rouge.

Echanges gazeux -

Les échanges gazeux dont la plante est le siège sont de deux sortes: d'une part l'absorption chlorophyllienne, où, comme nous l'avons dit, il y a absorption de CO_2 et rejet d'oxygène, d'autre part, la respiration, pendant laquelle au contraire il y a absorption d'oxygène et rejet de gaz carbonique.

On peut avoir une idée globale du phénomène en faisant l'expérience suivante :

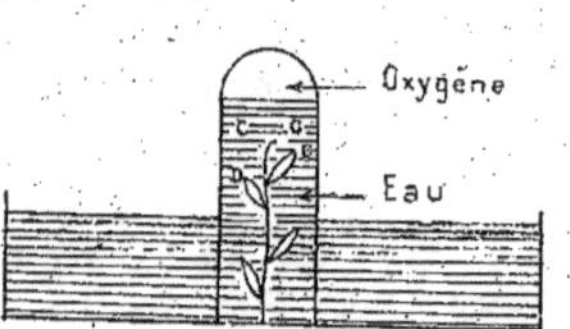

Enfermons dans une éprouvette étroite complètement remplie d'eau des plantes organiques vertes et plaçons le tout à une lumière vive.

Des bulles gazeuses, qui sont recueillies au sommet de l'éprouvette, se dégagent de la surface des feuilles.

On constate qu'après l'expérience les gaz dissous dans l'eau sont moins riches en CO_2 qu'au commencement. La quantité manquante a été absorbé par les feuilles. Le gaz recueilli au sommet de l'éprouvette est de l'oxygène.

Il convient de remarquer que la quantité d'oxygène ainsi recueillie ne représente pas simplement l'oxygène rejeté par l'assimilation chlorophyllienne, mais la différence entre l'O absorbée par la respiration et celui dégagé par l'assimilation.

De même la quantité de CO_2 dont on constate la disparition est la différence entre CO_2 absorbé au cours de l'assimilation et celui rejeté par la respiration.

On a essayé de séparer les deux phénomènes. Par exemple, en mettant la plante à l'obscurité complète (Bonnier et Mangin), elle ne fait que respirer. Chez les champignons, végétaux dépourvus de chlorophylle, on ne constate également que les échanges gazeux dus à la respiration, que l'on opère à la lumière ou à l'obscurité.

Certains expérimentateurs pensent pouvoir séparer les deux phénomènes en maintenant la plante à la lumière: en soumettant cette plante à l'action des anesthésiques tels que l'éther ou le chloroforme, on espère suspendre l'assimilation sans altérer sensiblement la respiration. Mais en réalité on effectue là seulement une expérience qualitative, car on ignore dans quelle mesure exacte le chloroforme ou l'éther entrave les phénomènes vitaux.

<u>Mesure des échanges gazeux</u> -
On peut arriver à des résultats approchés en opérant ainsi: on mesure d'abord les échanges respiratoires à l'obscurité pour les avoir seuls; puis on mesure les échanges gazeux en pleine lumière et à la même température. Les nombres obtenus dans ce dernier cas représentent la différence entre l'assimilation et la respiration, comme nous l'avons vu plus haut.

Si à ces derniers nombres on ajoute ceux fournis par la première expérience, et qui représentent la respiration seule, on obtiendra ceux qui correspondent à l'assimilation.

Soit en effet : O la quantité d'oxygène absorbée par la respiration à l'obscurité , O' la quantité d'oxygène dégagée par l'assimilation seule et O'' la quantité d'oxygène mesurée à la lumière et qui correspond à la différence entre les deux fonctions.

On a : $O' - O = O''$

D'où : $O' = O'' + O$

Un calcul analogue nous donnerait la quantité de CO_2.

Néanmoins, ces résultats ne sont qu'approchés, car on les obtient en supposant que la quantité d'oxygène absorbée par la respiration est la même à la lumière et à l'obscurité, alors qu'en réalité elle est un peu plus élevée dans ce dernier cas.

Des expériences plus récentes, effectuées par M M. Maquenne et Demoussy, ont permis d'étudier ces phénomènes en partant du vide, dans lequel on introduit un volume de gaz de composition connue, ce qui permet de tenir compte de l'état initial.

Ces expériences ont permis de préciser les résultats suivants :
<u>Mesure des quotients chlorophylliens</u> - On appelle <u>quotient chlorophyllien brut</u> le rapport $\dfrac{O}{CO_2}$ de l'oxygène dégagé et du CO_2 absorbé, représentant la résultante de l'assimilation et de la respiration.
On appelle <u>quotient chlorophyllien réel</u> le rapport $\dfrac{O}{CO_2}$ des échanges gazeux provoqués par le seul phénomène de l'assimilation.
Nous verrons que le <u>quotient respiratoire</u> est le rapport $\dfrac{CO_2}{O}$ du gaz carbonique dégagé et de l'oxygène absorbé, pendant le seul phénomène de la respiration.
Les expériences de MM. Maquenne et Demoussy ont permis de déterminer que le quotient respiratoire (compte tenu des gaz se trouvant dans le parenchyme de la plante) est presque toujours supérieur à l'unité (en tout cas pour les feuilles jeunes) $\left(\dfrac{O}{CO_2} > I \right)$,

contrairement à ce que l'on croyait jusqu'alors. (Pour les feuilles charnues, les tiges et les graines en germination, on a $\dfrac{O}{CO_2} < I$).

Lorsque le q.r. est $> I$, le q.c. brut est également $> I$, mais il est tuujours compris entre ce q.r. et l'unité.

Exemples :

	q.r.	q.c. brut
Feuilles de bégonia	I,II	I,03
Feuilles de maïs	I,7	I,05

Lorsque le q.r. est $< I$, le q.c. brut est également $< I$, mais il reste compris entre ce q.r. et l'unité.

Nous pouvons maintenant calculer le quotient chlorophyllien vrai :

Soient $\dfrac{CO_2}{O_2} = \dfrac{A}{B} = M$ le quotient respiratoire et

$\dfrac{O_2}{CO_2} = \dfrac{C}{D}$ le quotient chlorophyllien vrai.

Le quotient chlorophyllien brut est $\dfrac{C - B}{D - A}$.

Nous avons vu qu'il est toujours compris entre M et l'unité.

On a donc :

$$M > \frac{C - B}{D - A} > I \quad \text{ou} \quad M' < \frac{C - B}{D - A} < I.$$

Considérons le cas où $M > I$.

On a $\dfrac{C - B}{D - A} > I$, donc $C - B > D - A$. Or $A = M B$.

Donc $C - B > D - M B$.

En ajoutant M B et retranchant C aux deux membres de cette inégalité, on obtient :

$$M B - B > D - C, \quad \text{soit, en divisant par } D,$$

$$\frac{B}{D}(M - I) > I - \frac{C}{D} \quad (I). \quad \text{Si on avait } M' < I,$$

un raisonnement analogue nous aurait conduit à l'inégalité :

$$\frac{B}{D}(M' - I) < I - \frac{C}{D} \quad (2)$$

Or le rapport $\dfrac{B}{D}$ (oxygène absorbé par la respiration) (CO² absorbé par l'assimilation)

est toujours beaucoup $<$ I , de même que la différence (M - I).

De ces deux derniers faits et des inégalités (I) et (2), on peut conclure que la quantité $(I - \dfrac{C}{D})$, comprise entre une quantité positive se rapprochant indéfiniment de zéro et une quantité négative se rapprochant indéfiniment de zéro, est nulle.
On a donc :

$$I - \dfrac{C}{D} = 0 \ , \ \text{ou} \ \dfrac{C}{D} = I \quad \text{(quotient chlorophyllien vrai.)}$$

C'est-à-dire que dans l'assimilation chlorophyllienne tout se passe comme si pour un volume de CO² décomposé il y avait un volume d'oxygène mis en liberté.

Autrement dit, tout l'oxygène qui se dégage d'une plante verte exposée au soleil provient à peu près exclusivement de la décomposition directe ou indirecte du CO² fourni par l'atmosphère et la respiration normale.

L'assimilation chlorophyllienne a son _siège_ surtout dans les feuilles et les jeunes rameaux verts. Le parenchyme vert placé sous le liège est également capable d'assimiler quand l'épaisseur du liège est assez faible pour laisser passer une partie des rayons lumineux.

Deux _conditions_ sont nécessaires pour que l'assimilation chlorophyllienne puisse se produire: il faut de la _chlorophylle_ et de la _lumière_.

Rôle de la chlorophylle -

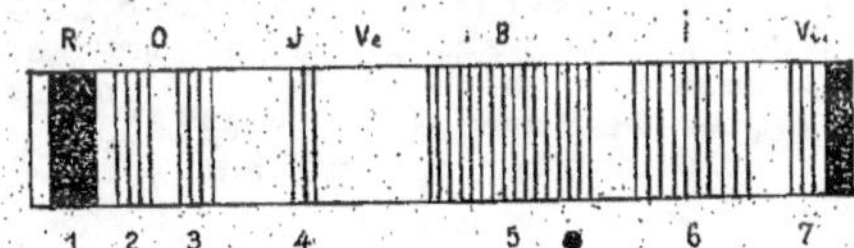

Spectre de la chlorophylle.

La propriété essentielle de la chlorophylle est celle qui consiste à absorber des radiations solaires, qui constituent une certaine somme d'énergie. Cette énergie sera utilisée par le protoplasme pour produire certaines réactions chimiques endothermiques.

On peut étudier l'absorption des radiations de la façon suivante: on intercale une solution de chlorophylle sur le trajet

d'un rayon lumineux dirigé sur un prisme. On obtient alors, non pas
un spectre normal avec ses sept couleurs caractéristiques, mais un
spectre dans lequel certaines bandes colorées sont remplacées par
des bandes noires (figure : bandes I à 7) parceque les rayons correspondants ont été retenus par la chlorophylle.

Les bandes noires sont au nombre de sept dans une solution
contenant à la fois de la chlorophylle et de la xantophylle. Quatre
de ces bandes, situées dans la partie la moins réfrangible du spectre
(rouge, orangé, jaune), sont relativement étroites, à contours très
nets. La bande située dans le rouge est nettement plus foncée que
les autres: les rayons rouges sont ceux que la chlorophylle absorbe le plus énergiquement.

Les trois autres bandes, situées dans la partie la plus
réfrangible du spectre (bleu, indigo, violet) sont moins foncées,
plus larges, à bords moins nettement limités.

Les rayons verts ne sont pas absorbés par la chlorophylle:
seule la bande verte du spectre normal reste intacte.

Nous avons dit que ces résultats étaient obtenus avec une
solution contenant à la fois de la chlorophylle et de la xantophylle.
Le spectre de la chlorophylle pure ne comprend que les quatre premières des bandes citées plus haut; celui de la xantophylle pure
ne donne que les trois dernières.

Les radiations absorbées par la chlorophylle servent, avons-
nous dit, à la réalisation de réactions intra-protoplasmiques et
particulièrement à la réalisation de trois phénomènes importants:
l'assimilation chlorophyllienne, la transpiration et la synthèse
des matières albuminoïdes intra-cellulaires.

Maintenant que nous connaissons la propriété de la chlorophylle d'absorber des radiations solaires, nous allons pouvoir
montrer expérimentalement qu'elle est indispensable pour que
puisse s'effectuer l'assimilation.

Nous savons qu'il se dégage toujours de l'oxygène pendant
l'accomplissement de cette dernière. Il nous suffira de montrer dans
quelle mesure les radiations absorbées par la chlorophylle font dégager de l'oxygène par une plante verte. De nombreuses expériences
ont été faites dans ce sens. Nous allons citer les suivantes :

I) Expérience du spectre :
   On prépare un spectre avec ses sept couleurs normales.

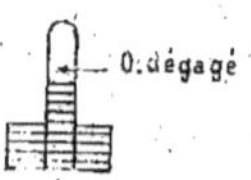

Dans chaque bande colorée on place une
éprouvette étroite remplie d'eau et renfermant des
algues vertes. Au bout de quelques heures les
différentes éprouvettes renferment une quantité variable d'oxygène, sauf celle que est placée dans
la bande verte. Dans cette dernière il ne s'est produit aucun dégagement gazeux.

(Or nous avons vu que la chlorophylle n'absorbe pas les radiations vertes.)

Le dégagement d'oxygène est maximum dans la bande rouge. (Or nous avons vu que la chlorophylle absorbe essentiellement les radiations rouges) et décroît dans les éprouvettes du jaune et de l'orangé.

Les éprouvettes placées dans la partie la plus réfrangible du spectre ne renferment que des traces d'oxygène ou même n'en renferment pas du tout. Ces radiations sont cependant absorbées par la chlorophylle. L'explication de cette anomalie tient à ce fait que le violet et le bleu du spectre sont dispersés sur une bien plus grande largeur que le jaune, l'orangé ou le rouge: chaque éprouvette étroite, du violet ou du bleu, ne reçoit alors qu'une quantité de rayons lumineux insuffisante pour provoquer un dégagement appréciable d'oxygène.

2) Aussi l'expérience précédente a été améliorée par Timiriazeff. Cette dernière expérience a permis de montrer que dans leur ensemble les radiations les plus réfrangibles font dégager une quantité d'oxygène égale à la moitié de celle dégagée grâce à l'ensemble des radiations jaunes, orangées et rouges. Voici comment se réalise cette expérience :

On interpose une lentille biconvexe sur le trajet des rayons les moins réfrangibles (rouge, orangé, jaune), après qu'on a produit un spectre solaire à l'aide d'un prisme par exemple. Ces trois sortes de rayons se concentrent en une plage rouge-orangé.

Sur le trajet des rayons violet, indigo, bleu, on interpose une seconde lentille et on obtient par concentration une plage lumineuse bleue.

Dans chacune de ces deux plages on place comme précédemment une éprouvette remplie d'eau et contenant une plante aquatique.

On constate au bout d'un certain délai que 50 à 54 c/m3 d'O se dégagent dans l'éprouvette correspondant à la plage bleue , tandis que 100 c/m3 se sont dégagés dans l'éprouvette correspondant à la plage rouge-orangé.

Ce qui démontre bien ce que nous avons dit plus haut.

3) Expérience d'Engelman :
Pour mesurer l'intensité de l'assimilation chez les algues, Engelman utilise l'avidité pour l'O de certaines bactéries mobiles: Bactérium Termo par exemple.

Sur le porte-objet d'un microspectroscope, on dispose longitudinalement dans le spectre un filament d'algue verte baignée par une goutte d'eau. Bientôt les bactéries se rassemblent dans des points

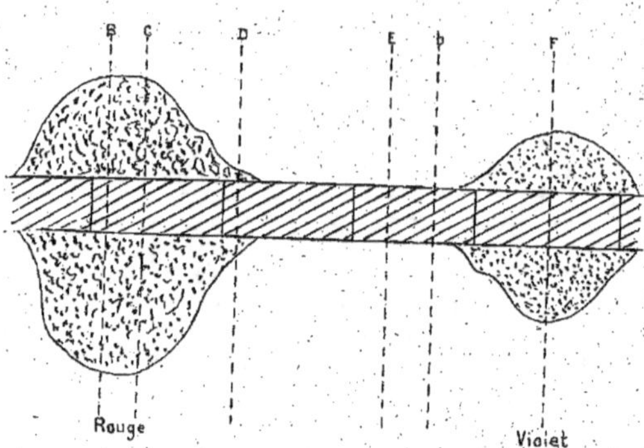

où l'oxygène se dégage. Elles s'y accumulent proportionnellement à la quantité d'O que l'algue met à leur disposition en décomposant CO^2.

Deux groupements se sont ainsi produits; l'un dont l'épaisseur correspond à la première bande d'absorption de la chlorophylle entre les raies B et C; l'autre dont le maximum est un peu au - delà de la raie F.

Cette expérience ne permet pas de mesurer la quantité d'O dégagé, mais elle a l'avantage d'être très sensible et de montrer qu'il s'opère un dégagement d'O dans les rayons les plus réfrangibles ce que ne montre pas la méthode du spectre.

Cette même expérience peut encore servir à montrer que l'O se dégage des corps chlorophylliens et non du protoplasme. Pour cela, on introduit dans la goutte d'eau renfermant des bactéria termo des filaments de spirogyre (et non des algues vertes) dont les cellules possèdent chacune un seul corps chlorophyllien de forme spiralée. On voit alors les bactéries se porter uniquement à la surface de la spire verte.

4) On peut aussi soumettre la plante verte à une radiation sensiblement monochromatique, en la plaçant sous une cloche à double paroi renfermant un liquide coloré lequel arrête certaines radiations et en laisse passer d'autres.

C'est ainsi que le bichromate de potasse laisse passer les rayons orangés, mais aussi quelques radiations jaunes et rouges.

Cette méthode, dite des __écrans colorés__, donne des résultats sensiblement analogues à ceux indiqués précédemment.

Variations du phénomène chlorophyllien avec les conditions externes et internes.

L'intensité de l'assimilation chlorophyllienne varie avec: l'intensité lumineuse, la température, la proportion du gaz carbonique dans l'atmosphère ambiante, l'espèce à laquelle appartient la plante considérée.

__Influence de l'intensité lumineuse__ :

A l'obscurité complète, la chlorophylle ne trouve aucune radiation à absorber et l'assimilation est nulle. Cette assimilation commence à se manifester pour des intensités lumineuses différentes et d'autant plus faibles que la quantité de chlorophylle est plus grande dans la portion de plante envisagée.

Pour la plupart des plantes, la quantité de CO_2 absorbé augmente régulièrement avec la lumière et cesse de croître à partir d'une certaine intensité de cette dernière.

Les plantes cultivées assimilent généralement un maximum lorsqu'elles sont directement exposées à la lumière solaire. Les fougères et les mousses, au contraire, assimilent beaucoup plus à l'ombre.

__Influence de la température__ :

L'intensité de l'assimilation chlorophyllienne augmente avec la température. La plupart des plantes commencent à assimiler aux environs de 0°. Les lichens et certaines cônifères (génévrier, épicéa) assimilent même à –40°. L'assimilation croît progressivement avec la température et atteint son maximum à une température variable pour chaque plante : 25° pour la ronce, 40° pour le prunier, par exemple. Pour un grand nombre de plantes ce maximum est atteint aux environs de 25°. Dans tous les cas l'intensité de l'assimilation chlorophyllienne diminue régulièrement quand ce maximum (température optima) est dépassé, et elle devient nulle entre 45 et 50°. A cette température, d'ailleurs, la plante n'est pas morte. C'est ainsi qu'elle respire jusque vers 60°.

__Influence de la quantité de CO_2 dans l'atmosphère.__

Cette quantité a, sur l'intensité de l'assimilation, une influence directe. Dans le gaz carbonique pur, la plante est asphyxiée et il ne se produit par suite aucune assimilation.

Dans une atmosphère contenant de 50 à 75 % de CO_2 il ne se produit encore aucune assimilation. Cette dernière commence à se manifester un peu au-dessous de 50 % et augmente régulièrement à mesure que la proportion de CO_2 diminue. Le maximum est généralement atteint quand l'atmosphère renferme environ IO % de CO_2. Pour quelques plantes ce maximum est atteint avec une proportion de 50 % de CO_2 seulement.

L'atmosphère ordinaire renferme environ 3 à 4 0/000 de CO_2 seulement, mais la plante arrive néanmoins à puiser tout le carbone qui lui est nécessaire grâce à sa grande surface foliacée.

<u>Variations du phénomène avec l'espèce considérée.</u>

Pour une même intensité lumineuse et une même température l'assimilation est plus ou moins intense suivant l'espèce considérée.

C'est ainsi qu'à une température de 20°, l'intensité lumineuse étant la même, I m2 de surface de feuilles de ronce décompose en une heure I2 mmgr de CO2 . Chez le ricin, dans les mêmes conditions, cette quantité n'est que de 9 mmgr 5. Chez le prunier 5 mmgr. 3.

Ces variations paraissent dues à la plus ou moins grande concentration du pigment vert dans les cellules.

<u>Variations du phénomène avec les conditions internes .</u>

L'intensité de l'assimilation chlorophyllienne varie également avec l'état interne de la plante considérée.

C'est ainsi que s'il y a dans cette dernière une accumulation d'hydrates de carbone, l'assimilation est ralentie et peut même être suspendue. Mais si avec ces hydrates de carbone, il y a une augmentation de la quantité des azotates, ces derniers paraissent se combiner avec les hydrates de carbone et l'assimilation continue à progresser.

<u>Utilisation du carbone organique par les plantes vertes.</u>

Le gaz carbonique de l'atmosphère est donc la source du carbone dont la plante a besoin pour constituer ses composés ternaires et quaternaires.

Ce n'est pas cependant la seule source possible. Les plantes peuvent aussi trouver le carbone dans les composés organiques azotés du sol qu'elles décomposent.

Des expériences récentes ont montré que les plantes peuvent réaliser la synthèse de leurs tissus quand elles sont privées de CO_2 à la lumière, à condition que le sol renferme certaines matières albuminoïdes.

Ces expériences ont été réalisées en se basant sur ce fait que la molécule albuminoïde peut se décomposer en donnant des poids définis d'autres matières azotées cristallisables : urée, oxamide, glycocolle, etc..

Ces produits sont précisément ceux qui se forment dans le tube digestif des animaux au cours de la digestion chimique des albuminoïdes.

L'expérience est réalisée de la façon suivante: on ajoute 3 ou 4 dcgr de chacune des substances provenant de la décomposition des albuminoïdes à un kgr de terre préalablement stérilisée. On y sème des graines diverses, sous cloche, à la lumière, et à l'abri de toute trace de CO_2. Les graines se développent plus vigoureusement encore que dans les conditions normales. Mais leur croissance serait complètement enrayée si l'on supprimait les matières albuminoïdes sans amener de CO_2.

Cette croissance serait également enrayée et la plante mourrait même rapidement si on la maintenait à l'obscurité.

Rôle de l'humus .

L'expérience précédente montre:

I° Que les racines peuvent absorber les matières azotées quand elles leur sont fournies dans l'état où elles se trouvent après avoir traversé le tube digestif des mammifères. C'est précisément l'état dans lequel elles se trouvent pour constituer la matière humique.

2° Que les plantes utilisent ces matières azotées à la lumière, non seulement pour la synthèse de leurs différentes matières azotées intracellulaires, mais qu'elles leur empruntent en outre le carbone dont elles ont besoin pour la formation de leurs composés ternaires : amidon, sucre, etc...

Nous venons de nous occuper de la nutrition carbonée des plantes vertes, grâce à l'utilisation ou sans l'utilisation de la chlorophylle. Nous nous occuperons des plantes dépourvues de chlorophylle dans la prochaine leçon.

Produits résultant de l'assimilation chlorophyllienne.

Nous avons dit qu'une partie des radiations absorbées par la chlorophylle servait aux réactions chimiques de l'assimilation, qu'une autre partie était utilisée pour la synthèse des matières albuminoïdes.

Quant à la nature même de ces réactions chimiques, elle est encore en grande partie mystérieuse.

I° On a admis pendant longtemps, sans d'ailleurs en avoir la preuve, que CO_2, une fois absorbé, se décomposait directement ainsi:

$$\underbrace{CO_2}_{\substack{2 \text{ volumes} \\ \text{entrant}}} = 0 + \underbrace{O_2}_{\substack{2 \text{ volumes} \\ \text{sortant}}}$$

en recevant de la chlorophylle la quantité de chaleur nécessaire à cette décomposition.

2° Boussingault pensait que se produisait la décomposition suivante :

$$CO_2 = CO + O \qquad \text{(2 volumes} = \text{1 vol.)}$$

en même temps que l'eau se décomposait:

$$H_2O = H_2 + O \qquad \text{(1 vol.)} \Big\} \text{2 volumes.}$$

On ne peut jamais constater cela de façon formelle. Boussingault raisonnait ainsi : prenons des graines aussi petites que possible, faisons les germer dans un milieu ne contenant pas trace de matière organique. Analysons les graines avant la germination, puis après quelque temps: si alors on trouve dans la graine un excès d'H par rapport aux éléments de l'eau, c'est que l'eau aura été décomposée. Or on trouve toujours cet excès d'hydrogène.

Cependant cela n'est pas aussi probant qu'on pourrait le croire. On peut en effet expliquer l'excès d'H sans recourir à l'hypothèse de la décomposition de l'eau. Il y a un excès d'H dans les corps gras (qui se forment aux dépens des hydrates de carbone existant dans toutes les plantes), les albuminoïdes, les alcaloïdes.

3° Le carbone du CO_2 absorbé est certainement utilisé pour la synthèse de sucre et de l'amidon. Ces substances se forment toujours dans tous les organes verts exposés à la lumière. Ces mêmes organes à l'obscurité, perdent leur matière colorante verte et cessent de former d'autre amidon.

On a pensé que cet amidon proviendrait de l'aldéhyde méthylique CH_2O, lui-même obtenu par la somme des deux réactions suivantes :

$$CO_2 = CO + O$$

$$H_2O = H_2 + O$$

$$\overline{CO_2 + H_2O = CH_2O + O_2 \nearrow}$$

Mais ce corps est très toxique, et son existence ne peut être qu'éphémère. Aussi, s'il s'en forme réellement dans les plantes, il est très difficile de déceler son existence. Kursius, en distillant 1 Kgr de feuilles de hêtre trouva 0 gr.0008 de CH_2O qu'il transforma en acide formique.

D'autre part l'alcool méthylique, produit dérivé de l'aldéhyde, est fort répandu dans les végétaux; on l'extrait par distillation sous le nom d'esprit de bois.

Ce CH_2O, en se condensant, donnerait du glucose ou des sucres analogues, à l'aide desquels (en les condensant et déshydratant) la plante ferait de l'amidon. Si en effet, on fait flotter à l'obscurité, une feuille désamidonnée sur une solution sucrée, cette feuille fabrique de l'amidon.

Cet amidon s'accumule un peu dans la feuille pendant le jour, parce qu'il se forme plus vite qu'il n'émigre, après solubilisation diastasique. La nuit, il a le temps d'émigrer, parce qu'il ne s'en forme pas. Si la nuit est trop fraîche cependant, la diastase n'a pas la température qui lui convient, et l'amidon n'émigre pas.

4° Signalons d'ailleurs qu'une autre hypothèse attribue à l'amidon une origine albuminoïde: le CO_2 serait susceptible d'entrer d'abord en combinaison avec des composés albuminoïdes intracellulaires qui, en se détruisant ultérieurement, donneraient des grains d'amidon et peut-être aussi d'autres matières azotées solubles et diffusibles.

En effet, des granules d'amidon se développent dans l'intérieur de leucites dépourvus de pigment et qui finissent par disparaître complètement à mesure que les grains amylacés grossissent. A la veille de la maturation des fruits de légumineuses, les chloroleucites élaborent dans leur sein des grains d'amidon et finissent par disparaître entièrement au profit de ces derniers. Enfin, des plantes vertes nourries avec des matières azotées cristallisables (leucine, tyrosine, glycochole), et maintenues à la lumière dans une atmosphère dépourvue de CO_2, forment également de l'amidon et sont le siège d'une croissance rapide.

En résumé, il y a peut-être deux groupes de réactions capables, dans les plantes, de fournir de l'amidon.

5° Nous allons dire un mot de la <u>synthèse</u> probable des matières <u>albuminoïdes</u>.

Des observations ont montré que la fonction chlorophyllienne est activée par l'apport de nitrates. La proportion de chlorophylle augmente dans les tissus et les hydrates de C sont plus activement consommés, comme s'ils entraient en combinaison avec l'azote des azotates pour former les matières albuminoïdes. Inversement, les azotates ne sont pas utilisés par les plantes en l'absence de la chlorophylle et de la lumière. Par contre les sels ammoniacaux n'exigent pas l'intervention de la chlorophylle.

Si l'on considère d'autre part que les azotates une fois arrivés dans les cellules se trouvent sans doute en présence de corps très réducteurs. (CH_2O ; $C_6H_{12}O_6$ naissant), on peut émettre l'hypothèse que ces azotates sont peut-être réduits à l'état d'acide cyanhydrique (HCN) qui serait à son tour le point de départ des diverses matières albuminoïdes élaborées par les cellules.

La présence de l'acide cyanhydrique a été constatée chez de nombreuses plantes (phaseolus lunatus, laurier).

6ème L E C O N

2° <u>Nutrition carbonée des plantes dépourvues de chloro-
phylle</u>.

Nous verrons plus tard en étudiant le phénomène de la
nitrification, comment cette dernière est l'oeuvre de deux séries
de bactéries : les bactéries nitriques et les bactéries nitreuses.

Ces dernières, dépourvues, comme les autres d'ailleurs,
de chlorophylle, ont néanmoins besoin de carbone pour assurer leur
nutrition. Ce carbone est pris dans la matière minérale qui est
mise à leur disposition (le carbonate de chaux par exemple, dont
elles utilisent le CO_2 en fixant le C et en oxydant l'azote de NH_3
comme nous le verrons plus loin).

Godlewski, cependant, a pensé que le ferment pouvait extraire, comme la chlorophylle, le C du CO_2 de l'air. Pour le montrer
il ensemença le ferment dans un liquide ne contenant en dissolution
ou en suspension aucun corps carbonaté. Il fit alors barboter dans
le ballon un courant d'air rigoureusement aseptique: le microbe
ne pullule pas et n'oxyde pas l'azote. Si au contraire il fait passer un courant d'air ordinaire contenant des traces de CO_2, il y
a pullulation du microbe et oxydation de l'azote.

Dans cette expérience il faut évidemment éviter la présence
de matières organiques, comme celle du liège par exemple.

Le résultat obtenu n'est d'ailleurs pas absolument incom-
patible avec celui que nous avons indiqué plus haut: il se peut
qu'en réalité il faille au ferment des traces de CO_2 libre: il
fixe alors un C et oxyde l'azote. Le milieu devient alors acide et
cela permet la décomposition du carbonate, dont le microbe prendra
le carbone.

<u>Saprophytisme et parasitisme</u>.

Nous donnerons ici seulement quelques notions sur ces
phénomènes, dont nous aurons l'occasion de reparler à propos des
bactéries.

Les plantes dépourvues de chlorophylle ne peuvent fabri-
quer de toutes pièces, tout au moins, nous venons de le voir, en
notable quantité, de la matière organique à l'aide des seules substances minérales. Elles empruntent au milieu extérieur de la matière organique qu'elles s'assimilent et transforment en leurs
principes constitutifs.

On appelle <u>saprophytes</u> les plantes qui vivent de la matière organique fournie par la décomposition des animaux et des

végétaux morts; tels sont les nombreux champignons qui poussent dans le terreau, sur le fumier (psalliotes, moisissures du bois pourri, mucor mucedo), sur le cuir (penicillium glaucum), dans les infusions (levure de bière, aspergillus niger).

Certaines orchidées (neottia) sont également des plantes saprophytes.

On appelle __parasites__ les végétaux qui se développent sur des êtres vivants et à leurs dépens. Les principales plantes parasites sans chlorophylle sont : la cuscute, développée sur la luzerne, le trèfle, le chanvre, l'ajonc; l'orobanche, parasite sur la racine de luzerne, de thym; le cystopus candidus, parasite du chou; le phytophtora infestans, parasite de la pomme de terre, jusqu'ici localisé à l'Amérique, mais qui vient malheureusement de faire son apparition en France dans le département de la Gironde; le peronospora viticola, parasite de la vigne.

Plantes parasites vertes -

Il existe des végétaux pourvus de __chlorophylle__ et qui vivent néanmoins en parasite sur d'autres végétaux.

Citons comme exemples : Le __Gui__ , qui enfonce dans le pommier par exemple ses racines transformées en suçoirs; le __mélampyre__ et le __rhinanthe__, parasites sur les racines de graminées. Ces deux dernières plantes parasites possèdent des racines suçoirs et des racines normales. Elles sont donc moins épuisantes pour leur hôte que ne l'est le gui pour le pommier.

Les plantes parasites vertes n'empruntent qu'une partie de leur alimentation au végétal qui les supporte, puisqu'elles peuvent assimiler comme les végétaux ordinaires.

Dans ces végétaux peuvent être rapprochées les plantes __épiphytes__ qui, dans les forêts sombres tropicales s'y développent à des niveaux plus ou moins élevés pour recevoir la lumière nécessaire, laquelle leur ferait défaut au niveau du sol. Il y a plutôt, dans ce cas, secours mécanique que nutrition de la part de l'hôte.

Certaines plantes parasites ne peuvent accomplir leur développement total qu'avec le secours de deux hôtes successifs: ainsi la rouille du blé se développe au printemps sur l'épine-vinette, en été sur le blé.

3° Sources d'azote pour les végétaux -

Nous savons que l'azote se trouve dans un grand nombre de composés chimiques, que l'on peut classer en deux grandes catégories: les composés organiques quaternaires (matières albuminoïdes complexes qui entrent dans la constitution du protoplasme des êtres vivants, etc):

ce sont eux qui contiennent ce que l'on appelle l'_azote organique_.

L'azote se rencontre aussi dans de nombreux corps de la chimie minérale, où l'on rencontre successivement, en passant des plus azotés aux moins azotés: l'_azote nitrique_ (exemple: NO^3H : acide azotique ou nitrique), l'_azote nitreux_ (exemple: NO^2H: acide azoteux ou nitreux) l'_azote ammoniacal_ (NH^3 : ammoniaque).

Nous savons aussi que l'azote se rencontre à l'état _libre_, où il entre dans la constitution de l'atmosphère par exemple.

Tous ces états de l'azote sont loin de présenter la même importance comme source nutritive pour les végétaux. Nous verrons que le plus important est l'azote nitrique, qui se forme d'ailleurs dans la nature à partir des autres états de l'azote.

Nous allons nous occuper successivement de l'utilisation de l'azote par les plantes sous ses différents états.

Assimilation de l'azote libre par les organismes inférieurs.

L'azote libre était considéré auparavant comme inassimilable par les végétaux. Nous verrons tout à l'heure qu'il y a quelques exceptions importantes.

Montrons d'abord qu'il est inutilisé par les végétaux supérieurs :

On le fait au moyen de l'expérience suivante : Sous une cloche, on met une plante verte, ou bien si l'on veut être débarrassé de l'assimilation chlorophyllienne, on peut prendre un lot de champignons. On analyse d'une manière précise les modifications qui se produisent dans l'atmosphère de la cloche, au bout d'une journée par exemple.

On prélève sous la cloche 100 cm^3 de gaz avant et après l'expérience et on transporte l'éprouvette sur la cuve à mercure. On fait alors passer dans l'éprouvette un peu de potasse qui absorbe n cm^3 de gaz CO^2. On introduit alors de l'acide pyrogallique, lequel forme du pyrogallate avec l'excès de potasse restante. Ce pyrogallate absorbe m cm^3 d'O.

Le reste du gaz de l'éprouvette :

$100 - (n + m)$ représente l'azote.

L'analyse faite avant et après l'expérience donne toujours la même quantité d'azote. Les végétaux mis en expérience n'en ont donc pas pris dans l'atmosphère qui les environne.

Nous allons voir maintenant comment certains organismes inférieurs assimilant l'N de l'atmosphère intérieure du sol, pour en constituer leurs albuminoïdes.

On avait déjà remarqué que la terre nue, sans trace de culture (terre en jachère) s'enrichissait en azote.

Berthelot a précisé ce phénomène de la façon suivante :

Il fit passer un courant d'air continu dans un vase rempli de terre arable et recouvert d'une cloche pour éviter l'arrivée de la pluie et des poussières. L'analyse chimique faite au bout de deux mois a toujours montré que la terre mise en expérience possédait alors une teneur en azote. L'augmentation était de un cinquième environ de la teneur primitive.

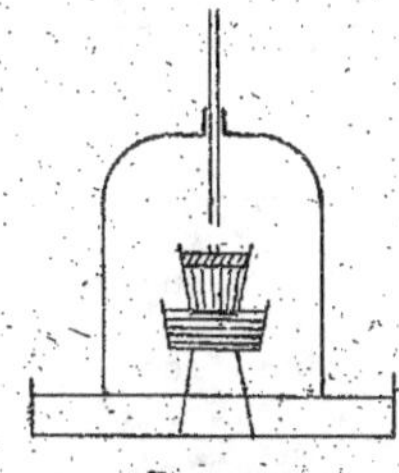
Figure 1

Il s'agit maintenant de montrer que ce phénomène est bien dû à des êtres vivants, à des bactéries. Pour cela, Berthelot fit, en 1886, l'expérience suivante :

Il prit un terrain très pauvre en azote (sable argileux en contenant 0 dcgr 07 par Kgr, quantité que l'on mesure).

Il fit cinq lots de cette terre, avec chacun desquels il reproduisit l'expérience précédente, dans les conditions suivantes :

I^e Lot:
Appareil de la figure I porté à l'air libre (on mesurera à l'aide d'un eudiomètre la quantité d'azote qui pourrait être introduite par l'eau de pluie).

2° Lot:
Appareil conservé dans la chambre.

3° Lot:
Appareil à l'air libre, mais abrité, afin d'éviter la pluie.

4° Lot:
Appareil porté au sommet d'une tour, afin de voir si la différence de potentiel électrique n'agit pas sur l'expérience).

5° Lot:
Dans un vase clos.

On fit enfin un sixième lot, analogue au cinquième, mais au début de l'expérience on porta l'ensemble à une température de 100° pendant quelques heures.

Dans les 5 premiers cas on trouve, au bout de deux mois par exemple, qu'il y a eu fixation d'azote par le sol (20 à 30 % de l'N initial). Dans le sixième cas, il n'y a aucun enrichissement en azote. Cet enrichissement était donc bien dû à l'action d'êtres vivants, lesquels ont été tués par la température de 100°. Ces êtres vivants ont d'ailleurs assimilé cet azote, puisqu'on le rencontre sous forme d'azote organique.

Ce phénomène explique l'enrichissement en azote des terres laissées en jachère. Nous verrons tout à l'heure comment cet azote organique, sous l'action de la nitrification, se transforme en azotates assimilables par les végétaux supérieurs. Ce phénomène explique également comment les pâturages de montagne, par exemple, qui ne reçoivent pas d'engrais, peuvent néanmoins conserver leur fertilité.

Winogradsky réussit à isoler les bactéries qui assimilent ainsi l'azote libre. Il trouva deux espèces banales, aérobies, et une espèce anaérobie, très importante, le Clostridium Pasteurianum.

On a découvert plus récemment de nombreuses espèces aérobie assimilant l'N libre atmosphérique, notamment l'azotobacter, qui semble vivre en symbiose avec de nombreuses algues vertes.

Berthelot avait montré ce fait très important que l'absorption de l'azote par le sol dépend toujours de la quantité de matériaux hydrocarbonés (sucre, amidon) qu'il renferme. Si dans des cultures pures de C.Pasteurianum on ajoute de fortes doses de sucres et qu'on y fasse passer un courant d'azote, ce gaz est fixé en bien plus grande quantité par les microbes. C'est que ceux-ci, en oxydant les sucres qu'ils absorbent produisent de l'énergie qu'ils utilisent d'autre part pour faire la synthèse des composés albuminoïdes dans lesquels entre l'azote libre.

Ce phénomène explique pourquoi les Algues ne peuvent fixer l'azote que si elles sont en symbiose avec des bactéries. Leur rôle ne serait d'ailleurs, là, que très indirect: elles permettraient aux bactéries d'assimiler plus énergiquement l'azote en leur fournissant les hydrates de carbone dont elles ont besoin.

<u>Nodosités des légumineuses</u> -

Si l'on répète l'expérience de Berthelot en faisant passer un courant d'air à travers de la terre dans laquelle ont vécu des légumineuses, la quantité d'azote observé est 5 ou 6 fois plus grande qu'avec de la terre ordinaire.

On avait déjà constaté dans la pratique agricole que les légumineuses fourragères (trèfle, luzerne) étaient "améliorantes" ("Après un bon trèfle, vient un bon blé" etc).

Les racines de légumineuses portent presque toutes de petits renflements, ou nodosités, dûs à une hypertrophie de leurs tissus. Or, les cellules des jeunes nodosités sont remplies d'organismes microscopiques ayant la forme de filaments ramifiés non cloisonnés (ce qui les distinguerait des véritables bactéries) Ce sont les rhizobium leguminosarum. Leur forme fait qu'on les considère parfois comme des champignons, parfois comme des bactéries.

Racine de Haricot

avec nodosités

Ces filaments envoient de toutes parts de petits prolongements, lesquels se détachent et restent libres dans les cellules, sous
la forme de petits bâtonnets droits, ou bien en U ou en Y, que l'on
appelle couramment des bactéroïdes. Les nodosités adultes en sont
bourrées.

Ils abondent également dans la terre arable naturelle,
dans laquelle ils vivent en saprophytes. C'est de là qu'ils partent
pour infester directement les racines des légumineuses.

De même que les bactéries du sol, ces microorganismes jouissent de la propriété de fixer très énergiquement l'azote atmosphérique et de l'utiliser directement pour faire la synthèse de leur propre substance.

Ensuite ils cèdent à la plante sur laquelle ils vivent une
portion de la matière azotée qu'ils élaborent.
On peut montrer la vérité de cette assertion par l'expérience suivante :

Si on cultive des légumineuses, dans une terre stérilisée
les nodosités ne se développent pas, bien qu'on leur fournisse une
forte proportion de nitrates, et les plantes restent chétives.

Si on inocule alors sur ces racines chétives un peu de
bouillie provenant de l'écrasement de nodosités prises sur d'autres
légumineuses, des nodosités se développent aux points piqués et la
plante se développe convenablement.

Quelle est la nature de l'<u>association</u> entre la légumineuse
et le rhizobium? Des expériences ont montrées que les cultures de
rhizobium absorbent d'autant plus d'azote qu'elles renferment plus de
sucre. D'où l'on peut penser que la légumineuse fournit des hydrates
de carbone aux organismes microscopiques des nodosités; ces derniers
absorbent l'azote gazeux, le font entrer dans des compositions organiques assimilables, dont ils cèdent sans doute une partie à la légumineuse.

Dans ce cas il y aurait symbiose. Mais il n'en est peut-
être pas réellement ainsi : les rhizobium cessent déjà de croître,
et meurent, alors que les légumineuses sont encore vertes.

C'est peut-être une fois seulement qu'ils sont morts, que
la matière de ces organismes inférieurs serviraient de matière nutritive aux légumineuses.

Cycle de l'azote dans la nature.

Nous avons vu plus haut que les végétaux supérieurs n'assimilent pas l'azote atmosphérique. L'expérience montre également que
les végétaux dépérissent toujours si on les place dans une terre

complètement dépourvue de sels ammoniacaux ou d'azotates (nitrates).

D'autre part, une terre dans laquelle on a mis une certaine quantité de nitrates ou de sels ammoniacaux et où l'on cultive des plantes, perd peu à peu ces matières minérales : les racines les absorbent à l'état de solution étendue, puis elles sont décomposées dans l'intérieur des tissus pour fournir l'azote nécessaire à la synthèse des substances albuminoïdes.

Parmi les sels ammoniacaux renfermés par la terre végétale, une petite proportion a une origine atmosphérique (le nitrate d'ammoniaque par exemple).

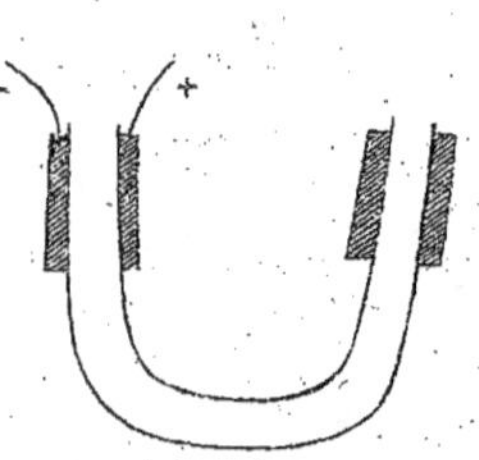

L'expérience de Cavendish montre en effet que lorsque l'étincelle électrique passe dans un mélange d'O et d'Az, il se produit du peroxyde d'azote, lequel, en présence de l'eau, donne de l'acide azotique. Le même phénomène se produit dans l'atmosphère, surtout par les temps orageux et l'acide azotique ainsi produit se combine avec les traces d'ammoniaque qui existent naturellement dans l'air, ou bien encore avec le carbonate d'ammoniaque qui provient de la décomposition de l'urine des animaux.

L'azotate d'ammoniaque ainsi formé arrive dans le sol où il est entraîné par les pluies. Il ne forme d'ailleurs au total qu'une faible partie des composés azotés du sol.

En dehors des provenances vues jusqu'ici, la majeure partie de l'azote suit dans la nature un certain nombre de transformations successives constituant un _cycle_, dont nous allons tout de suite donner une idée générale. Nous étudierons ensuite plus particulièrement quelques phases.

Le sol comprend des matières albuminoïdes complexes, lesquelles proviennent de sources différentes: décomposition des végétaux morts, déjections animales, cadavres d'animaux.
Les végétaux ne peuvent pas utiliser cet _azote organique_ sous cette forme, mais ce dernier, sous l'action d'organismes que nous étudierons tout à l'heure, est à peu près dégradé, décomposé, perd son oxygène et est ainsi transformé en _azote ammoniacal_ (c'est l'_ammonisation_). Cet azote ammoniacal est utilisable à faible dose par les végétaux. Il est ensuite oxydé, transformé en _azote nitreux_ (_nitrosation_), lequel est oxydé à son tour en _azote nitrique_ (c'est la _nitratation_). L'ensemble de ces phénomènes porte le nom de _nitrification_.

C'est surtout l'azote nitrique qui est utilisé par les végétaux, lesquels en constituent alors de nouveau de l'azote organique.

Les animaux se nourrissent, directement ou indirectement de végétaux, dont ils divisent, à l'aide des diastases de leur tube digestif, les albuminoïdes en des groupements de 4 à 10 acides-aminés.
A l'aide de ces acides-aminés ils constituent alors les matières albuminoïdes de leur protoplasme.

Nous arrivons donc de nouveau, chez les végétaux comme chez les animaux, à de l'azote organique qui, après la mort des uns et des autres, subira de nouveau la nitrification, et le cycle sera recommencé.

Nous allons étudier plus spécialement les trois phases suivantes : ammonisation, nitrosation, nitratation.

<u>Ammonisation</u> -
Les substances albuminoïdes provenant des animaux ou des végétaux donnent d'abord en se décomposant des sels ammoniacaux. La plupart de ces matières subissent la fermentation putride (dont nous parlerons plus loin) qui est provoquée par de nombreuses bactéries, dont l'une des plus importantes est le bacillus mycoïdes.

Parmi les composés très nombreux qui prennent naissance à ce moment, on trouve toujours de l'ammoniaque et des ammoniaques composées.

De plus, une très grande proportion de carbonate d'NH^3 se forme encore naturellement aux dépens de l'urée , $CO (NH2)^2$, qui est le principe essentiel de l'urine, renfermée par les fumiers et purins.

L'urée subit la fermentation ammoniacale, au cours de laquelle elle est hydratée par le micrococcusuroe et donne du carbonate d'ammoniaque, conformément à la réaction :

$$CO (NH^2)_2 + 2 H^2O = CO^3 (NH^4)_2$$

<u>Nitrosation</u> -
L'ammoniaque et les composés ammoniacaux ainsi formés sont ensuite oxydés peu à peu par des bactéries particulières, contenues dans le sol et transformées en acide nitreux.
Ces bactéries absorbent l'oxygène de l'air pour le fixer sur l'ammoniaque, conformément à la réaction :

$$CO^3 (NH^4)^2 + 3 O = CO^2 + 2 NO^2H + 3 H^2O$$

A mesure que NO^2H prend naissance, il se combine avec les bases qui peuvent exister dans le sol, (Chaux, potasse, etc.), et donne ainsi des <u>nitrites</u>. Les bactéries agissant dans ces oxydations ont la forme de petits globules de I ou 2 μ et sont appelées <u>nitromonases</u> ou ferments nitreux. Il y a plusieurs ferments nitreux; chaque terre semble renfermer un seul ferment nitreux. En Europe on rencontre généralement la même espèce. En Afrique il y a une espèce plus petite, mais généralement plus active. Il en est de même à Java.

<u>Nitratation</u>.-

Les composés nitreux subissent à leur tour un nouveau degré d'oxydation par l'action d'autres bactéries, les ferments nitriques, qui ont la forme de tout petits bâtonnets d'I μ. Elles absorbent l'O de l'air et le fixent sur l'acide azoteux, pour en faire de l'acide azotique, et les nitrites se transforment en nitrates, conformément à la réaction :

$$2 \text{ Az } O^2 \text{ k} + O^2 = 2 \text{ Az } O^3 \text{ K},$$

par exemple.

On ne connaît qu'un seul ferment nitrique, la nitrobactérie.

On n'est parvenu que progressivement à la connaissance des notions qui précèdent. Boussaingault avait d'abord montré que cinq conditions étaient indispensables pour que la nitrification puisse se produire :
I° Présence d'une matière organique azotée.
2° Présence d'une certaine quantité d'eau.
3° Présence de l'oxygène de l'air.
4° Présence de calcaire (quelques millièmes suffisent).-
5° Une certaine température: au-dessous de 5° il ne se produit pas de nitrification sensible; au-dessus de 38 à 40° l'intensité de la nitrification diminue. A partir de 70° il ne se produit plus de nitrification.

Schloesing et Müntz montrèrent qu'il s'agissait d'un phénomène microbien.
Winogradsky refit l'étude complète du phénomène (1890-92) et sépara les deux phases : nitrosation et nitratation.

Omeliansky (1899) fit la preuve qu'il y avait bien trois stades et que, contrairement à ce que l'on avait soutenu souvent, la nitrification ne pouvait se faire directement à partir de l'azote organique.

Il le montra à l'aide de l'expérience suivante: il prit un bouillon de viande (lequel renferme des acides aminés, mais pas de sels ammoniacaux), le stérilisa, et en fit plusieurs lots qu'il ensemença de la façon suivante :

I° Bacillus racemosus (espèce banale) + ferment nitreux + ferment nitrique.
2° B. racemosus + ferment nitreux.
3° B. racemosus + ferment nitrique.
4° Ferment nitreux + ferment nitrique.

Dans le premier lot, on observa d'abord une odeur putride, puis une odeur ammoniacale et on obtint finalement des nitrates. Dans le second lot, il se dégagea également une odeur putride puis une odeur ammoniacale et on obtint des nitrites, lesquels ne s'oxydèrent pas. Dans le troisième lot, on obtint une odeur putride, puis ammoniacale, mais jamais de nitrites. Dans le quatrième lot enfin il ne se produisait aucune réaction.

Il y a donc bien trois stades : une production de gaz ammoniacaux sous l'action d'espèces banales, puis deux stades d'oxydation, chacun étant l'oeuvre d'un microbe spécifique.

Signalons en terminant, que, en dehors de leurs applications agricoles, les phénomènes de la nitrification sont appliqués dans la production des salpêtres et l'épuration des eaux d'égout.

<u>Dénitrification</u> -
Pour clore définitivement cette question du cycle de l'azote, il nous reste à indiquer qu'il existe des microbes, aérobies et anaérobies, lesquels peuvent, dans certaines conditions, produire des phénomènes contraires à ceux que nous venons d'étudier, en réduisant l'azote nitrique en azote nitreux, puis en azote ammoniacal. Certains vont même jusqu'à produire de l'azote gazeux.

Ces microbes ne sont d'ailleurs dangereux que dans les conditions où le sol est momentanément à l'état de vie anaérobie: par exemple s'il est submergé et qu'il renferme un excès de matières organiques (par exemple si sur un sol fumé avec excès il s'abat des pluies immodérées).

7ème Leçon -

4° <u>Origine des autres corps simples entrant dans la constitution des végétaux.</u>

Nous venons de voir comment la plante se procure le carbone et l'azote dont elle a besoin; nous verrons plus loin comment elle puise son oxygène dans l'air grâce au phénomène de la respiration. L'hydrogène est pris dans l'eau absorbée par les racines.
Les autres éléments sont puisés uniquement dans le sol, et sous la forme d'<u>aliments minéraux</u> : le phosphore sous la forme de phosphates, le soufre sous la forme de sulfates, le chlore sous la forme de chlorure, (Kcl) le silicium sous forme de silicates alcalins.

L'absorption de ces matières est régie par le principe suivant : la consommation règle l'absorption. Cette consommation est variable avec les cellules qui composent les divers tissus. Ainsi la potasse est retenue surtout par la racine, le protoplasme vert, et les fruits, tandis que le bois en contient peu; les phosphates augmentent partout où la vie est très active; la silice est abondante dans l'épiderme des carex, des cypéracées, des graminées, etc...

Les aliments nécessaires aux végétaux cultivés se trouvent dans le sol arable ou terre végétale (partie remuée par les instruments aratoires). Ce dernier peut être considéré comme constitué d'une partie solide, une partie liquide et une atmosphère gazeuse.

Cette dernière est assez riche en CO^2 (de I à 20 % suivant que le sol est ou non travaillé). Une quantité non exagérée de CO^2 favorise la dissolution par l'eau qu'il acidule de principes solides insolubles dans l'eau ordinaire à réaction neutre : carbonate de calcium, de magnésium, phosphates bi et tricalcique, silice et silicates divers.

Les matériaux solides et dissous constituant en général le sol arable sont : la silice, l'argile, le calcaire auxquels sont adjoints les produits de décomposition de matières organiques (humus).
Ce sont à la fois des éléments de soutien et des matières nutritives pour les végétaux qui y croissent.

Lorsque ces quatre éléments ne sont pas en proportion convenable, le sol ne possède pas les qualités physiques nécessaires au bon développement de la plante. On peut l'y ramener par voie d'amendements.

Ainsi une terre trop riche en argile (trop compacte par suite, et peu perméable à l'eau et à l'air) sera corrigée par le chaulage ou le marnage.

La silice et l'argile (qui proviennent de la désagrégation des roches cristallines par l'action prolongée des eaux), le calcaire , sont accompagnés d'une quantité variable de principes étrangers dus, soit à leurs impuretés, soit à des matières organiques qui leur sont mélangées. Parmi ces principes étrangers, les azotates, les sels ammoniacaux, les phosphates solides ou dissous dans l'eau, sont particulièrement favorables au développement des végétaux.

Chaque espèce végétale, bien qu'elle utilise tous les éléments nécessaires dont nous avons parlé plus haut, a une préférence pour un élément assimilable qu'on appelle sa dominante: potasse pour la vigne, les légumineuses, la pomme de terre; un composé azoté pour le blé, le chanvre, l'avoine, la betterave; l'acide phosphorique pour le sarrasin, le maïs, le topinambour.

On appelle engrais toute substance assimilable ou rendu telle, mélangée à la terre arable pour en augmenter la fertilité.
L'engrais peut être minéral ou organique.

Les principaux engrais minéraux sont :
Des sels azotés (nitrate de potasse ou de chaux, sulfate d'ammoniaque).

Des phosphates : phosphate tricalcique $\left[(PO^4)^2\ Ca^3\right]$ insoluble, phosphate bicalcique $\left[(PO^4)^2\ Ca^2\ H^2\right]$, phosphate monocalcique $\left[(PO^4)^2\ Ca\ H^4\right]$ ou superphosphate soluble.

Des sels de potasse (chlorure ou azotate) et des sels de calcium sous forme de sulfate de calcium -(plâtre).

Un engrais favorable au développement d'une plante ne produit tout son effet que si les autres substances nécessaires à la plante considérée se trouvent elles-mêmes dans le sol sous forme assimilable et en quantité convenable.

On peut constituer des solutions nutritives comprenant les matières minérales indispensables à la plante et dans lesquelles il suffit de plonger les racines pour que le développement s'effectue d'une façon convenable.

Voici un exemple de solution nutritive :

Eau distillée :   I litre.
Azotate de potassium : 0 gr. 50.
Sulfate de calcium :   0 , 50 gr.
Sulfate de magnésium : 0 , 50
Phosphate tripotassique: 0 , 50

Dans cette solution de jeunes plantes vertes arrivent jusqu'à floraison et fructification. Ce qui montre bien l'utilisation des aliments minéraux par la plante. Le carbone lui est fourni par l'assimilation chlorophyllienne. Nous avons vu qu'il n'en est pas de même pour les plantes dépourvues de chlorophylle.

Les principaux engrais organiques sont : le fumier, les tourteaux et les engrais verts.

Le fumier agit de deux façons: il agit mécaniquement en donnant à la terre une porosité favorable à son aération, en augmentant son pouvoir absorbant pour les substances nutritives; il agit chimiquement: il est en effet le siège de fermentations qui transforment les matières organiques azotées en sels ammoniacaux et en azotates. Ces transformations, comme nous l'avons vu en étudiant la nitrification, sont accélérées par le contact du calcaire.

Un engrais vert consiste en une récolte enfouie totalement (lupin) ou partiellement (trèfle) dans le sol à l'automne.

5° _Circulation des liquides dans la plante_ -

Avant d'entreprendre l'étude des mouvements des liquides dans la plante, nous allons rappeler les quelques notions de physiques suivantes:

Diffusions -

Ces phénomènes s'appliquent uniquement aux substances dites "colloïdes".

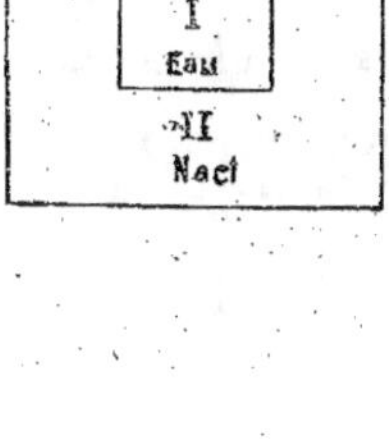

I° Dans un vase II renfermant une solution de Na Cl, plongeons un vase poreux I. Il pénètre du liquide dans ce dernier. A un moment donné, le liquide atteint la même hauteur dans les

deux vases. Si l'on prélève des portions de liquide dans le vase I
et dans le vase II, on sconstate qu'elles ont la même composition.
Il s'est établi un équilibre.

2° Si à côté du Na Cl nous ajoutons du SO^4 Cn, il s'établira
encore un équilibre et les liquides I et II auront la même composition.

3° Si dans le vase intérieur nous mettons un corps, comme la
baryte, capable de précipiter le SO^4 Cn, il ne se produit plus d'équilibre: SO^4 Cn entre, se précipite.

Il n'y a donc pas équilibre. Alors SO^4 Cn continue à entrer
et à se précipiter tant que dans le vase I il y aura de la baryte.
Na Cl, lui, continuera à entrer dans la même proportion
que précédemment.

Ce phénomène explique plusieurs faits: dans le fucus marin
par exemple le chlorure pénètre et s'arrête quand sa concentration
correspond à celle de l'eau de mer, tandis que les sulfates entrent
et s'insolubilisent. Il peut alors en pénétrer davantage.

Pourquoi les plantes renferment-elles beaucoup de silice,
alors que cette dernière est très diluée dans l'eau (chargée de CO^2)
du sol?

C'est parce qu'en pénétrant dans la plante elle contracte
avec la cellulose une combinaison insoluble. De même pour la potasse
laquelle constitue des combinaisons insolubles avec les acides qui
prennent naissance dans la plante. Les phosphates se combinent avec
la matière albuminoïde.

4° Il y a d'ailleurs un autre moyen de rompre l'équilibre entre
les vases I et II, c'est de produire une évaporation dans le vase
poreux I. Le Na Cl, par exemple se concentre alors dans ce vase I
et, pour rétablir l'équilibre, il se produit de I vers II, un mouvement continu d'eau chargée de Na Cl.

Signalons en passant que certaines substances, non solubles
dans l'eau, sont solubles dans l'eau chargée de CO^2 et peuvent pénétrer ainsi dans la plante: C'est le cas de la chaux et de la silice.
La chaux pénètre sous forme de bicarbonate. Mais en arrivant dans
la feuille, le CO^2 se dégage. Il se dépose alors du CO^3 Ca, ce qui
permet à une nouvelle quantité de bicarbonate de pénétrer dans la
plante (etc.)

Nous avons vu qu'il se condensait aussi dans la plante une
petite quantité d'oxalate de calcium.

Ce phénomène d'évaporation de l'eau chargée de CO^2 explique
pourquoi il y a beaucoup de CO^3 Ca dans les écorces des arbres.

Osmose -

Rappelons qu'on a à ce point de vue, divisé les substances
en deux groupes :

I° Les substances cristalloïdes, qui traversent facilement les
membranes; les corps qui cristallisent sont dans ce cas (membranes

animales poreuses, au CO^4Cu);les substances <u>colloïdes</u>, qui ne traversent pas les membranes: la gélatine et l'albumine par exemple.

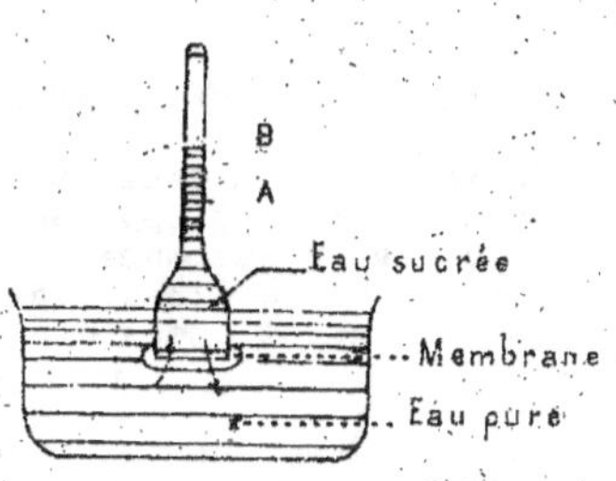

Les phénomènes d'osmose
(ou dialyse) s'appliquent aux substances
cristalloïdes. Dutrochet les a mon-
trés par l'expérience suivante :

On verse dans un tube élar-
gi à sa base et fermé par une membrane animale (vessie de porc), de l'eau
sucrée jusqu'à un certain niveau A.
On plonge alors la partie inférieure
de ce tube dans une cuve contenant
de l'eau pure. Au bout de quelque temps,
le niveau du liquide s'est élevé dans
le tube jusqu'en B. Il y a donc eu
passage à travers la membrane, de l'eau
pure vers l'eau sucrée; c'est <u>l'endos-
mose</u> . En même temps, on constate qu'une
petite quantité de sucre est passée dans l'eau pure, c'est <u>l'exosmose</u>.

En 1877, un physicien de Leipzig, Kieffer, montra que la
membrane au ferro-cyanure de cuivre est remarquable pour son <u>hémi-
perméabilité</u> (elle laisse passer l'eau et retient absolument les
matières salines). Pour préparer cette membrane, on procède de
la façon suivante :

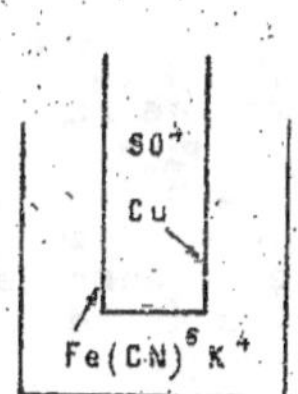

On plonge une porcelaine dégourdie contenant
du sulfate de cuivre dans un vase contenant du
ferro-cyanure de potassium. Les deux dissolutions
cheminent en sens inverse et il se forme sur la
porcelaine un précipité de <u>ferrocyanure de cuivre</u>,
hémiperméable.

A l'aide d'un vase ainsi obtenu, on peut
alors mesurer les pressions dues aux dissolutions.
Mettons dans ce vase une solution de sucre à 1 %. Plongeons le tout dans l'eau,
mesurons la pression à l'aide d'un manomètre. Ce dernier indique une pression
de 505 m/m. En faisant varier la concentration du sucre, on fait les constata-
tions suivantes :

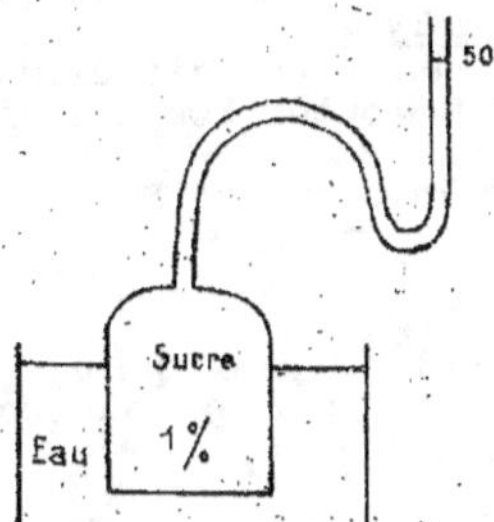

Les pressions sont proportion-
nelles à la concentration (ce qui correspond à la loi de Mariotte pour les gaz).

Les pressions varient avec la
température (cette variation est proportionnelle au binôme de dilatation et inversement proportionnelle aux poids

moléculaires des substances dissoutes).

La loi de Gay-Lussac s'applique donc aussi aux dissolutions, pour lesquelles on peut écrire aussi :

$$PV = RT \quad (\text{ constante }).$$

Toutes les cellules végétales, à un moment de leur existence, sont hémiperméables :
Si l'on fait une coupe mince dans un végétal, on constate que la membrane protoplasmique de la cellule est exactement appliquée contre la membrane cellulosique (sous l'action de la turgescence de l'eau, du suc cellulaire). Cette membrane est perméable à l'eau, mais, à un moment donné, imperméable dans les deux sens aux colloïdes et aux cristalloïdes.

En effet, si nous plongeons dans l'eau ou dans une solution légère une cellule provenant d'une coupe faite dans une jeune racine (de blé ou de maïs par exemple) trois cas peuvent se présenter :

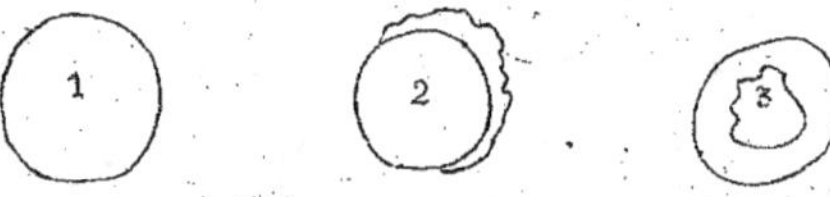

1° Les deux membranes restent appliquées l'une contre l'autre.

2° La membrane protoplasmique gonfle et finit par faire éclater la membrane cellulosique.

3° La membrane protoplasmique subit un mouvement de retrait, se ride.

Dans le premier cas, on dit qu'il y a _isotonie_; dans le second cas, _hypotonie_ (le suc intérieur cellulaire, plus dense que l'eau dans laquelle il est plongé, attire cette dernière); dans le troisième cas, _hypertonie_ (la solution extérieure est plus dense que le suc cellulaire et de l'eau de ce dernier passe à l'extérieur).

De Vries mit une cellule dans une solution de NO^3 Na qu'il concentra de plus en plus, jusqu'au moment où la membrane interne commence à se rider (on dit alors qu'il y a _plasmolyse_).
En répétant cette expérience avec des substances différentes il constate que, pour plasmolyser la même cellule, toutes les solutions renferment le même nombre de molécules.
(C'est sur ce fait que l'on se base pour calculer la quantité R, dans la formule :

$$PV = RT = \text{constante}).$$

En résumé, on peut dire que dans un liquide, un corps dissous y est à la même pression que si, réduit à l'état gazeux, il occupait seul le même volume.

Rappelons enfin que la capillarité est une exception au principe général des vases communicants. Si l'on plonge un tube étroit (capillaire) dans un vase contenant un liquide mouillant, on constate que ce dernier monte dans le tube jusqu'en un niveau A, sensiblement plus élevé que le niveau NN' atteint par le liquide dans le vase. Le ménisque A est concave.

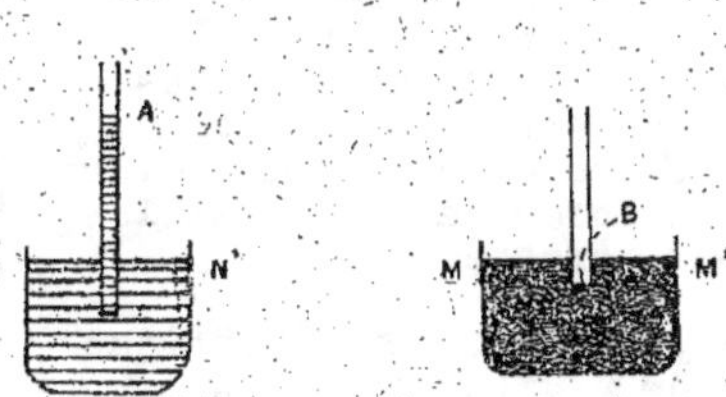

Si l'on fait la même expérience dans un liquide non mouillant (mercure par exemple), le liquide atteint dans le tube capillaire un niveau B, sensiblement inférieur au niveau MM'. Le ménisque B est convexe.

Nous bornerons à ce qui précède le rappel des notions de physique des liquides nécessaires à la compréhension des mouvements de la sève dans la plante.

En étudiant ces derniers, nous verrons le rôle respectif des phénomènes rappelés: osmose, capillarité, transpiration.

Sève brute.

On donne le nom de sève brute ou sève ascendante au liquide complexe composé des différentes solutions minérales puisées dans le sol par la racine. Cette sève n'est pas directement assimilable sous la forme chimique qu'elle possède (d'où son nom). Elle subira des transformations, particulièrement dans les feuilles, et, d'une manière générale, dans toutes les parties vertes de la plante. C'est ainsi par exemple que les azotates seront réduits et leur azote utilisé pour la synthèse des diverses matières albuminoïdes du végétal.

Les principaux sels composant la sève brute sont ceux que nous avons vu en étudiant les aliments des végétaux: azotates (de K, de Ca, d'NH^3), sels ammoniacaux (sulfates, tartrates, carbonates), phosphates, sulfates (de Ca, K, Mg, etc.)et enfin les silicates de potasse.

Les racines n'absorbent jamais que des substances dissoutes. Cependant un certain nombre de sels insolubles (phosphate tricalcique, carbonates de magnésie et de chaux) sont aussi absorbés par les racines. C'est que celle-ci probablement, les dissolvent au préalable de deux manières :

I° Les pointes des racines secrètent toujours une substance acide, de nature inconnue (peut-être acide malique), qui fait rougir le papier bleu de tournesol. Cette secrétion ne se produit pas par les poils absorbants, mais bien par toutes les cellules superficielles de l'écorce.

2° La racine en respirant dégage toujours par ses poils absorbants du CO^2 qui, à lui seul, est capable de transformer les carbonates

et phosphates de Ca insolubles en carbonates et phosphates aci
solubles.

On démontre cette dissolution des sels calcaires par les
racines à l'aide de l'expérience suivante: On fait germer des graines quelconques dans de la mousse ou du sable reposant sur plaque
de marbre (qui est du calcaire pur: CO_3 Ca). Au bout de quelques
jours les racines atteignent le marbre et rampent à sa surface.
On lave alors la plaque et on reconnait que les pointes des racines
y ont laissé leurs empreintes en creux sous forme de petits sillons.
Elles ont donc dissous le calcaire sur leur passage.

La composition de la sève n'est pas absolument identique
chez tous les végétaux, car chaque espèce de plante affectionne particulièrement tel ou tel terrain, selon les substances minérales
qu'elle y trouve (plantes silicicoles, calcicoles).

La sève brute est, comme nous l'avons dit, puisée dans le
sol par la racine. C'est l'absorption.

Absorption -

On a vu en Botanique que la racine est composée de radicelle
dont chacune porte une coiffe et des poils
absorbants.

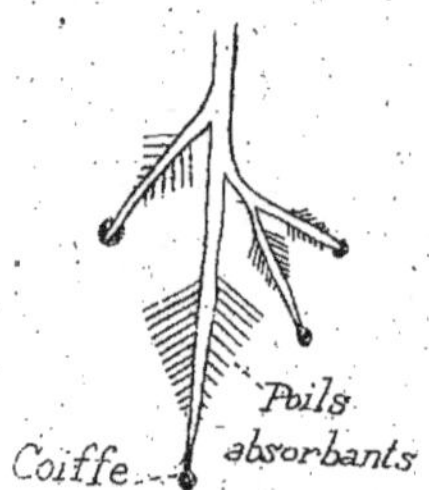

Les solutions minérales pénètrent
par osmose dans les poils absorbants. Les
poils absorbants sont les seules parties
de la racines qui possèdent des parois minces
et perméables. Toutes les autres parties sont
cutinisées ou subérifiées, et par conséquent
dans l'impossibilité d'absorber quoi que ce
soit.

C'est ce que l'on peut démontrer
par l'expérience suivante : On prend trois
plantes identiques qu'on place dans des
vases différents, et de la façon suivante :

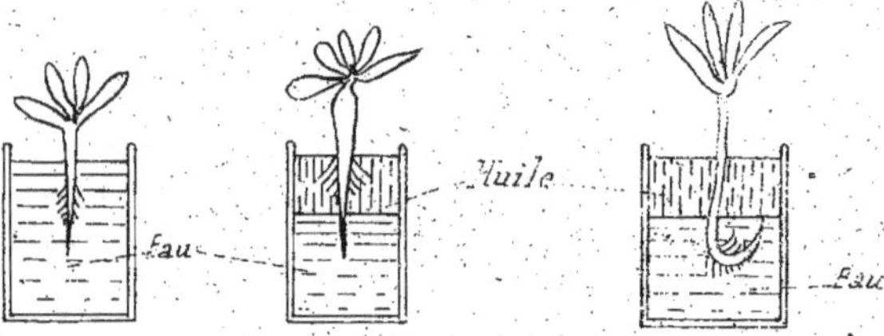

La première a ses poils absorbants plongeant entièrement dans l'eau, la seconde a la coiffe simplement plongée dans l'eau (une couche d'huile empêche l'eau de s'évaporer et par suite de pénétrer dans la plante à l'état de vapeur), la troisième a la région des poils absorbants seule plongée dans l'eau (figure). Au bout de quelques heures, la première et la troisième plantes ne se fanent pas, tandis que la deuxième se flétrit et meurt.

Donc, seuls les poils absorbent les liquides.

Le phénomène par lequel les solutions salines pénètrent dans l'intérieur des poils absorbants est un <u>phénomène d'osmose</u>, rappelant celui de l'expérience de Dutrochet. Les parois cellulosiques très minces des poils absorbants sont perméables, comme la membrane de l'appareil de Dutrochet. Leur contenu est formé de matières azotées qui ne sont pas diffusibles à travers la paroi, tandis que les solutions salines situées au dehors, dans le sol, sont cristalloïdes. Aussi, ces solutions pénètrent par osmose à travers les parois des poils absorbants, puis elles se répandent dans les cellules pilifères, où elles s'accumulent jusqu'à ce que le contenu de ces dernières se trouve en équilibre osmotique avec chacun des sels en dissolution dans la terre environnante.

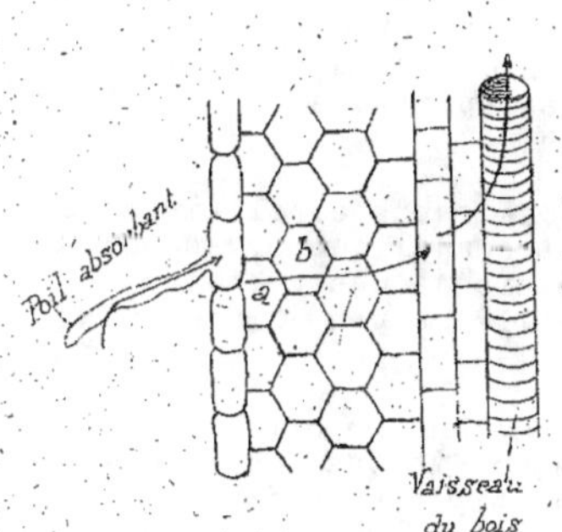

Mais le phénomène ne s'arrête pas là: les cellules de l'écorce (a) qui sont immédiatement au contact de la face interne des cellules pilifères, soutirent à ces dernières, par le même phénomène d'osmose, une partie de leurs solutions minérales, en tendant à se mettre en équilibre osmotique avec les cellules pilifères. Mais, en même temps, les cellules (b), situées immédiatement en dedans des cellules a, soutirent à leur tour à ces dernières une partie de leurs solutions minérales, pour atteindre le même équilibre osmotique, et ainsi de suite. C'est-à-dire que par le phénomène de l'osmose les solutions passent d'une cellule à l'autre et finissent par atteindre les vaisseaux ligneux.

Lorsque les cellules de la plante contiennent la même proportion de sels que la sève absorbée par les racines, l'équilibre est établi et il semble que l'absorption doive s'arrêter. Mais alors deux cas peuvent se présenter :

1° La plante peut décomposer ces sels et les utiliser; l'équilibre osmotique est détruit et l'absorption continue;

2° La plante n'utilise pas le sel absorbé (sel de sodium par exemple) et, l'équilibre osmotique persistant pour cette substance (cf. l'expérience citée plus haut à propos de la diffusion), l'absorption do cette substance reste suspendue.

C'est ce que l'on exprime en disant que **la consommation règle l'absorption.**

Ascension -

La sève, après avoir gagné les vaisseaux ligneux de la racine, monte peu à peu jusque dans les vaisseaux ligneux de la tige, pour se répandre finalement dans les feuilles.

Deux expériences montrent que la sève circule dans les vaisseaux ligneux:

Iº On coupe une racine ou une tige un peu volumineuse au printemps, quand la sève monte et, à la loupe, on voit poindre des gouttelettes de sève par la section des tubes ligneux.

2º On teinte légèrement en rouge avec de l'éosine par exemple l'eau dans laquelle plongent les racines d'une plante. On voit alors que les vaisseaux du bois sont seuls colorés. Toutefois cette observation ne prouve pas que cette sève ne passe que par les vaisseaux ligneux. Car, quand bien même elle serait montée aussi par les vaisseaux libériens, ou par les cellules du voisinage, les parois de ces éléments n'auraient pas été teintés en rouge, parcequ'elles sont en cellulose qui ne colore pas par l'éosine.

Causes de l'ascension-

Les causes qui déterminent l'ascension de la sève dans les vaisseaux sont au nombre de trois, d'inégale importance : la capillarité, le pouvoir osmotique, la transpiration.

Iº Les vaisseaux du bois représentent des tubes capillaires auxquels les lois de la capillarité doivent être appliquées, au moins dans une certaine mesure, et leurs parois exercent une certaine attraction sur la sève. Cette cause est d'ailleurs peu importante, relativement aux deux autres.

2º Le pouvoir osmotique est le cause la plus importante qui détermine l'ascension de la sève. Dans les conditions ordinaires le liquide des vaisseaux possède un pouvoir osmotique supérieur à celui que les poils absorbants ont puisé dans le sol et qui est passé par osmose d'une cellule à l'autre, dans l'écorce. Le contenu des vaisseaux absorbe donc à son tour les solutions salines des cellules voisines, ce qui détermine alors une augmentation de pression dans les tubes ligneux.

L'osmose détermine en somme une véritable poussée de la sève de bas en haut.

On peut mesurer cette poussée par l'expérience suivante, due à Hales :

Coupons un pied de vigne au bas de la tige. Remplaçons cette dernière par un tube. On voit alors la sève s'élever à une grande hauteur. Dans l'expérience de Hales, on avait coupé un bouleau de 27 mètres de haut et la sève s'était élevée jusqu'à un niveau de 35 mètres.

3° La _transpiration_, nous le verrons plus loin, est une fonction par laquelle les feuilles rejettent dans l'air pendant la journée une quantité variable de vapeur d'eau. L'émission de cette vapeur tend à produire un vide intérieur dans la plante et détermine par suite un appel continu de la sève de bas en haut.

On le montre facilement en fixant un rameau feuillé à l'extrémité supérieure d'un tube rempli d'eau et reposant sur une cuve à mercure. Le mercure monte progressivement par le tube, à mesure que l'eau est transpirée par les feuilles.

Le phénomène de la circulation de la sève brute peut, dans son ensemble, et abstraction faite de la capillarité, être considéré comme le résultat de la poussée des racines et de l'aspiration due à la transpiration; ces deux causes étant reliées par l'intermédiaire des courants osmotiques qui s'établissent entre les divers éléments cellulaires de la tige, lesquels tendent à conserver une quantité d'eau constante.

Nous avons dit que le pouvoir osmotique des cellules vivantes est la cause la plus importante de l'ascension; en effet, la transpiration accélère ce phénomène, mais elle n'est pas indispensable à ce point de vue : si on plonge dans l'eau l'extrémité inférieure d'un fragment de tige débarrassé de toutes ses feuilles, l'eau y monte , uniquement sous l'effet de l'osmose. D'ailleurs, la transpiration à elle seule, par l'aspiration qu'elle détermine dans les tissus ne serait jamais capable d'attirer une colonne d'eau à plus de IO mètres de hauteur (hauteur correspondant à la pression atmosphérique). Or, beaucoup d'arbres dépassent cette dimension.

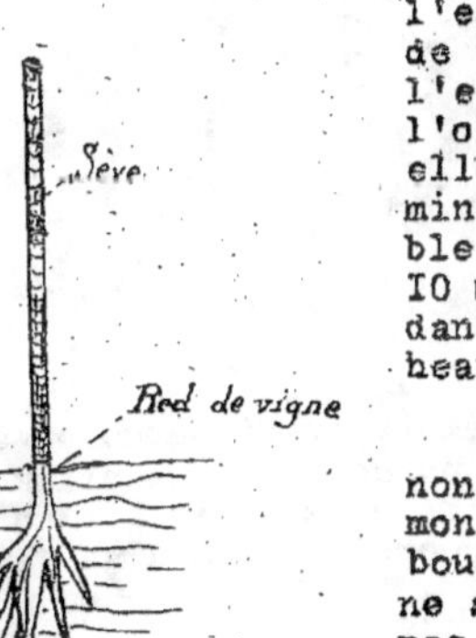

La transpiration n'intervient pas non plus lorsque les réserves nutritives montent au printemps s'accumuler dans les bourgeons, alors que les premières feuilles ne sont pas encore étalées. Elle n'intervient pas davantage dans les plantes aquatiques.

Le Bois -

Nous avons vu que les vaisseaux ligneux, ou vaisseaux du bois, servent au transport de la sève brute de bas en haut. Il semble d'ailleurs que ce rôle soit joué seulement par le bois jeune.

La constitution et le développement du bois sont étudiés dans le Cours de Botanique. Nous allons néanmoins rappeler ici comment sont constitués les vaisseaux du bois.

Les vaisseaux sont formés par des cellules qui se superposent en files et dont les cloisons se gélifient et se résorbent

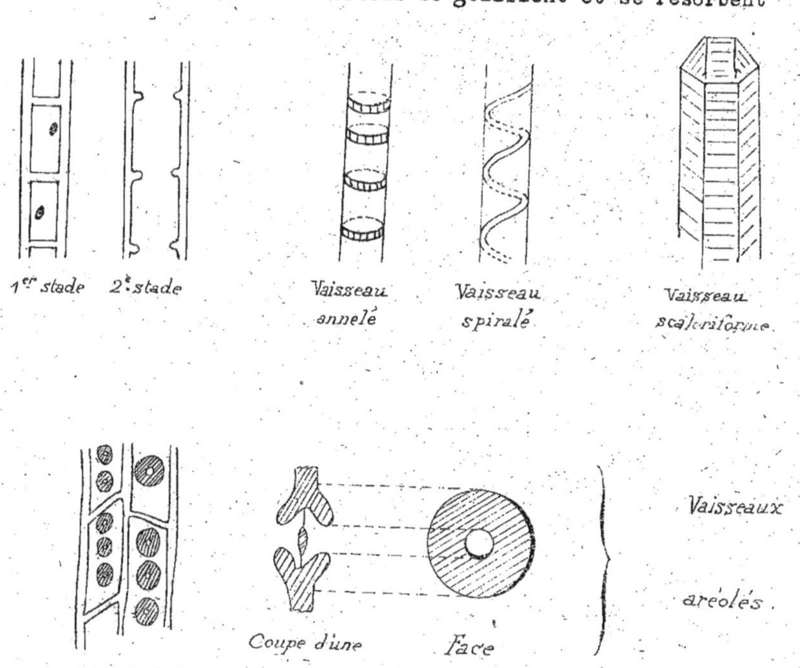

pour donner un tube continu ne portant plus, de distance en distance, qu'une trace annulaire de la cloison disparue. Le protoplasme et le noyau disparaissent également. Si la cloison est complètement résorbée on a un vaisseau parfait. Si la cloison persiste, on a un vaisseau imparfait.

Les parois des vaisseaux, ne sont ni également épaisses, ni également lignifiées. L'aspect des vaisseaux du bois dépend donc du mode d'épaississement ligneux de la paroi.

Exemples : les vaisseaux rayés, qui sont parfaits; les vaisseaux annelés et spiralés qui sont imparfaits.

Parmi les vaisseaux imparfaits, signalons les vaisseaux scalariformes, que les épaississements font ressembler à une échelle (vaisseaux abondants chez la fougère) et les vaisseaux à ponctuations aréolées qui forment le bois des conifères (pin). Ces derniers sont formés de cellules communiquant entre elles par des ponctuations placées sur les côtés et chaque ponctuation est constituée par une membrane mince à travers laquelle filtre le contenu des cellules.

Nous venons d'étudier la partie ascendante du mouvement de la sève. Réservons pour la prochaine leçon les modifications subies dans la feuille et le mouvement descendant de la sève, dite alors sève élaborée.

8 ème Leçon -

CIRCULATION DES LIQUIDES DANS LA PLANTE (Suite) -

Transpiration et chlorovaporisation.-

Les feuilles aériennes des végétaux verts dégagent de la vapeur d'eau, sous l'action de deux phénomènes que nous séparerons tout à l'heure : la transpiration et la chlorovaporisation.

Le premier a lieu nuit et jour, chez toutes les feuilles de quelque couleur qu'elles soient (Ces phénomènes intéressent d'ailleurs également la tige, quoique dans une moindre mesure). Le second s'accomplit à la lumière seulement et chez les plantes à chlorophylle.

L'expérience suivante montre le dégagement de vapeur d'eau: engageons dans un bocal A une feuille de vigne laissée adhérente à la tige. Ce bocal renferme, dans un vase v préalablement taré, de la baryte anhydre pour l'absorption de la vapeur d'eau. Le tout est exposé à la lumière solaire pendant une heure. La baryte a subi une augmentation de poids p au bout de ce temps.

Abandonnons l'appareil pendant une heure encore, mais à l'obscurité. La baryte subit une nouvelle augmentation de poids p'. L'augmentation p est beaucoup plus grande (150 fois par exemple) que p'. p serait seulement égal à 2 ou 3 p' si l'expérience avait été faite avec une feuille incolore.

Cette expérience montre donc que :

1° Les feuilles dégagent de la vapeur d'eau dans l'air.
2° Les feuilles vertes dégagent à la lumière beaucoup plus de vapeur d'eau qu'à l'obscurité.

<u>Transpiration</u> -
La transpiration proprement dite est l'émission de vapeur d'eau par la partie aérienne de la plante.

La transpiration est d'autant plus abondante :

I° Que l'épiderme est plus perméable et que les stomates sont plus nombreux. Les feuilles de houx, de laurier-rose, de lierre, à cuticule très épaisse, transpirent beaucoup moins que les feuilles de lilas, de tilleul de blé.

2° Que la plante ou partie de plante est plus jeune.

3° Que le parenchyme est moins développé et renferme moins de substances acides ou salines en dissolution. Les feuilles des plantes grasses (joubarbe, aloès, agave) possèdent un parenchyme central incolore constituant pour elles un réservoir d'eau. Des acides organiques et des sels (crassulacées), des sucres et des substances mucilagineuses (cactées) retiennent l'eau et diminuent la transpiration de ces plantes.

4° Que la température est plus élevée, l'air plus sec et plus agité. A la lumière la transpiration est deux à trois fois plus grande qu'à l'obscurité pour les feuilles incolores de l'aspidistra, des arbres panachés (érable) qui présentent des feuilles entière - ment blanches à côté de feuilles entièrement vertes. (Il y a lieu de supposer que la transpiration d'une feuille verte est augmentée par les radiations incidentes dans la même proportion que pour une feuille incolore).

D'après cela, la transpiration ne saurait être rigoureusement comparée à l'évaporation, phénomène physique que n'influence pas la lumière.

<u>Chlorovaporisation</u> -
Une feuille de blé a émis en un jour :
I mmgr. de vapeur d'eau à l'obscurité.
165 mmgr. ----------- au soleil.
Or, la lumière solaire ne faisant que doubler ou tripler la transpiration, la feuille de blé eût dû rejeter au plus dans le 2ème cas, 3 mmgr. de vapeur d'eau. Le rejet des I65 mmgr. en plus est du à une autre cause.

L'expérience a montré que les feuilles de blé, installées d'une manière identique et exposées dans les diverses régions du spectre solaire ont dégagé le plus de vapeur d'eau aux points correspondants aux bandes d'absorption de la chlorophylle. Donc, l'excès de la vapeur d'eau dégagée est dû à ce que la chlorophylle emmagasine dans la feuille verte des radiations dont l'énergie est en partie employée à l'évaporation de l'eau apportée par la sève ascendante.
Ce phénomène, distinct de la transpiration, se nomme chlorovaporisation.

La chlorovaporisation est très intense sous l'influence des radiations rouges et orangées (calorifiques) et des radiations bleues et violettes (chimiques). Elle est négligeable sous l'action des rayons jaunes. Elle est nulle par l'action des rayons verts qui ne sont pas absorbés par la chlorophylle.

L'intensité de la chlorovaporisation est liée à l'assimilation chlorophyllienne. Elles dépendent toutes deux des radiations absorbées par la chlorophylle. Si l'une cesse ou se ralentit, l'autre utilise tout ou partie des radiations absorbées, et son intensité augmente.

On constate par exemple que la chlorovaporisation s'accroît si l'on supprime l'assimilation chlorophyllienne en soumettant une plante exposée à la lumière solaire au chloroforme, lequel, à dose convenable, suspend l'assimilation sans tuer la plante.

Stomates -

Les stomates sont des orifices existant surtout à la surface inférieure (ou dorsale des feuilles et qui établissent une communication entre l'air extérieur et l'intérieur de la feuille. Ils sont produits par l'écartement de deux cellules épidermiques appelées cellules stomatiques.

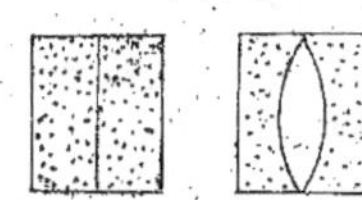
Formation d'un stomate

C'est par les stomates que la vapeur d'eau se dégage des feuilles. On peut le vérifier de la manière suivante : on place une feuille sur du papier imprégné d'un mélange de chlorure de palladium et de protochlorure de fer, qui a la propriété de noircir par la vapeur d'eau; et l'on voit chaque stomate marqué par une tache noire qui a la forme de l'ostiole.

La perte de vapeur d'eau n'est pas en rapport uniquement avec le nombre des stomates; elle dépend de l'étendue des surfaces que présentent les lacunes dans le parenchyme de la feuille, de la perméabilité de l'épiderme. Comme le parenchyme lacuneux est voisin de la surface dorsale, elle-même pourvue d'un plus grand nombre de stomates que la face ventrale, la transpiration et la chlorovaporisation de la feuille sont plus actives du côté dorsal que du côté ventral.

Sudation -

Si la feuille est plongée dans de l'air presque saturé d'humidité, le dégagement de vapeur d'eau ne peut s'y produire. Les cellules, portées au maximum de turgescence, rejettent par les stomates aquifères, sous la forme liquide, une partie de l'eau en excès. C'est pour cette raison qu'au printemps, à l'aurore, on voit perler une goutte d'eau à l'extrémité des feuilles des graminées, où se trouve un stomate aquifère. Nombre d'autres feuilles, pourvues de ces stomates portent aussi le matin des gouttelettes d'eau, qu'il ne faut pas confondre avec la rosée.

Ce phénomène de sudation peut aussi se produire en été, après le coucher du soleil. La chlorovaporisation se trouve brusquement

interrompue à ce moment. Il ne persiste que la transpiration, laquelle est toujours assez faible. Mais, comme la terre a été chauffée
pendant la journée, l'absorption par les racines se continue avec
une grande intensité, les feuilles deviennent turgescentes et la
pression de l'eau dans leurs cellules devient assez forte pour
forcer quelques gouttes à s'échapper au dehors.

Il faut encore compter comme sudation le liquide sucré
ou **nectar** que les nectaires laissent échapper à leur surface. Les
nectaires sont de petites saillies formées uniquement de cellules
et occupant une place assez variable chez les différentes plantes,
le plus souvent au fond de la fleur, à la base des étamines, du
pistil ou des pétales. Ces amas cellulaires possèdent un contenu
toujours riche en sucre, lequel a un grand pouvoir osmotique pour
l'eau des tissus situés un peu plus profondément. Les nectaires
se gorgent ainsi d'eau, et en laissent transsuder des gouttelettes
à l'extérieur, où elles sont très recherchées par les insectes.

On donne le nom de **miellée** à l'exsudation visqueuse et
sucrée que laissent suinter, pendant les périodes de sécheresse,
les feuilles de certains arbres des pays chauds.

<u>Sève élaborée.-</u>

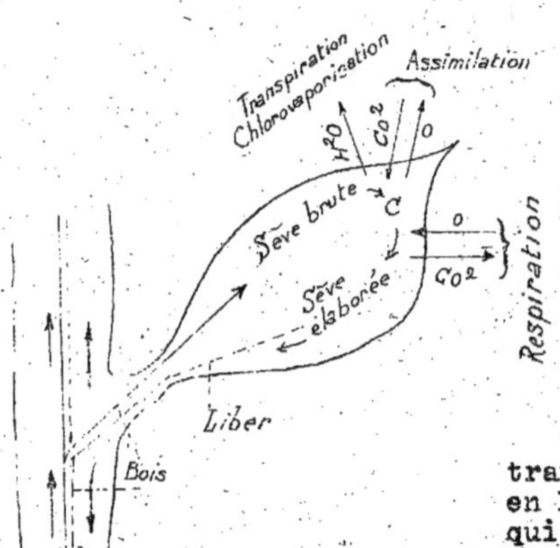

Nous avons vu comment
la sève brute parvient des racines
jusqu'aux feuilles. Cette sève
est composée d'eau renfermant
une faible quantité de matières
nutritives.

C'est la transpiration et
la chlorovaporisation qui enlè-
vent l'excès d'eau.
En même temps sous
l'influence de l'assimilation
chlorophyllienne, les sels minéraux de la sève brute, qui ne
peuvent servir directement à
la nutrition de la plante, se
transforment, par adjonction de carbone
en hydrates de carbone et en albuminoïdes,
qui peuvent être utilisés par la plante.
La sève brute ayant subi ces transformations, représentées par la figure
ci-dessus, devient la sève élaborée.
Elle est alors emmenée par les
vaisseaux libériens dans les différentes parties de la plante.
Elle quitte d'abord les feuilles par les vaisseaux libériens qui
contribuent à former leurs nervures et se répand par les tubes libériens de la tige, puis par ceux de la racine, dans toutes les parties
de la plante, pour en assurer la nutrition.
Nous employons le terme de sève élaborée de préférence à celui

de sève descendante, couramment employé, car si le courant descendant
est le principal, il n'est pas le seul: c'est ainsi que le courant
est ascendant quand la sève élaborée se rend au bourgeon terminal.

Il serait inexact de croire que la sève reste constamment
enfermée dans les vaisseaux: quelque soit sa nature, à mesure qu'elle
circule dans les vaisseaux spéciaux elle en franchit toujours par
osmose les parois latérales, et se répand dans les tissus voisins,
en établissant ainsi une foule de petits courants secondaires. Ceux
des vaisseaux ligneux et des vaisseaux libériens ne sont que les
principaux. L'expérience suivante montre que
la sève élaborée descend dans le tronc, ou les
grosses branches, par les vaisseaux libériens.

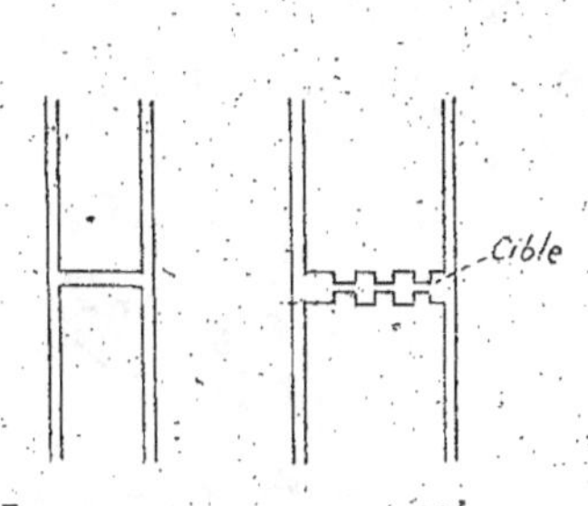

Sur une branche d'un arbre fruitier, immédiatement au-dessous des fruits, enlevons un
petit anneau d'écorce, de façon à atteindre
la partie dure du bois (On a donc enlevé en
même temps le liber). Au bout de quelque temps,
il se forme un bourrelet sur le bord supérieur
de la plaie. Le rameau se renfle de plus en
plus à cet endroit, les fruits deviennent plus
volumineux que ceux des branches normales.
Il peut même pousser des racines adventives
sur ce bourrelet.

On explique tous ces résultats en admettant que le courant
descendant de la sève élaborée a été interrompu par la suppression
du liber. Cette sève s'est accumulée et a plus fortement nourri la
région.

Si on laisse une bande longitudinale de liber, le bourrelet
ne se produit pas, car les matières nutritives passent. D'autre part,
si l'on observe un tube criblé du liber, on voit des substances gra-
nuleuses qui s'accumulent d'un côté du crible et qui indiquent bien
le sens de la marche de la sève élaborée.

Le liber -
Le liber est, comme le bois, étudié dans le Cours de Botanique. Nous allons donner quelques renseignements sur les vaisseaux

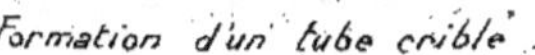
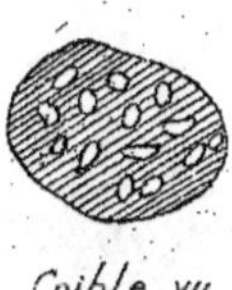

Formation d'un tube criblé

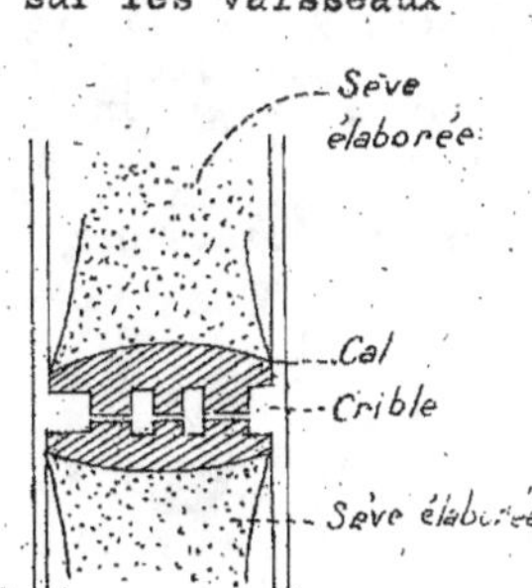

Formation du cal

du liber, ou **vaisseaux criblés**. Le tube criblé est l'élément essentiel du liber. Comme le vaisseau du bois, il est formé par des cellules allongées qui se placent en files, dont les parois conservent une structure cellulosique. La cloison transversale qui sépare deux cellules présente des épaississements cellulosiques qui laissent entre eux des parties très amincies par lesquels se font les échanges entre les matières albuminoïdes contenues dans les deux cellules superposées. Cette cloison vue de face présente l'aspect d'un crible.

A l'automne, il se forme de chaque côté de la cloison une substance de nature albuminoïde appelée **cal**. Le cal bouche d'abord les perforations, puis il s'étend et forme de chaque côté une véritable plaque calleuse qui suspend les échanges entre les deux cellules. Au printemps suivant le cal se résorbe et les communications se rétablissent.

Nous avons vu comment la sève élaborée circule, surtout grâce aux vaisseaux du liber, de la feuille vers les autres parties de la plante. Une partie de la sève élaborée pourra être employée à la formation d'organes nouveaux, ou bien pourra servir à l'accroissement en longueur ou en épaisseur des organes anciens.

Une autre partie de cette sève séjournera dans certaines régions de la plante, sous forme de matières de réserve (que nous étudierons dans un instant) et pourra être utilisée plus tard à la formation de cellules nouvelles.

Enfin une troisième partie pourra être éliminée sous différentes formes (résines, gommes, huiles) que nous étudierons plus loin.

6° RÉSERVES -
Les principales substances nutritives de réserve sont : l'amidon, l'inuline, les sucres, les corps gras, l'aleurone, l'eau et les acides organiques.

Nous avons étudié dans la première partie du cours la constitution chimique de ces corps. Nous avons vu dans les leçons précédentescomment ils prenaient naissance, puis circulaient pour aller se condenser, se localiser, particulièrement dans trois groupes d'organes : les graines, les tubercules et les bulbes.

Avant d'étudier ces organes, nous allons donner quelques renseignements complémentaires sur l'amidon.

Amidon du blé

Amidon de la pomme de terre

Amidon du maïs

Dans les plantes l'amidon se trouve sous la forme de petits grains reconnaissables au microscope à la couleur bleue que
leur donne la teinture d'iode. Les plus gros se trouvent dans la
pomme de terre et atteignent 0 m/m I.

Leur forme est variable et caractéristique de l'espèce
considérée. Dans la pomme de terre ils sont ovoïdes, avec des bandes alternativement brillantes et foncées, disposées autour d'un
point foncé excentrique, le hile. Dans le pois, les assises sont
régulièrement concentriques. Dans les graines de maïs, les grains
d'amidon sont polyédriques, serrés les uns contre les autres et
remplissent presque presque totalement les cellules à eux seuls.
Dans le latex des euphorbes, ce sont de petits bâtonnets renflés
à leurs deux extrémités.

Nous avons dit que les matières de réserves se localisaient
particulièrement dans les graines, les tubercules et les bulbes.
La formation de ces organes est étudiée dans le Cours de Botanique.
Nous allons dire ici quelques mots de leur constitution.

<u>Graines</u> -
La graine comprend le tégument et l'amande. Cette dernière
comprend elle-même l'embryon ou plantule et [(suivant qu'il s'agit
de graines à albumen (l'albumen est la ma-
tière de réserve, qui servira à la première
nutrition de l'embryon. On le rencontre par
exemple chez les graminées) ou sans albumen
(dans ce cas la matière de réserve a existé
également, mais l'embryon se l'est incorporée
c'est pourquoi on ne l'aperçoit pas. C'est
le cas des légumineuses, des rosacées)]
souvent de l'albumen.

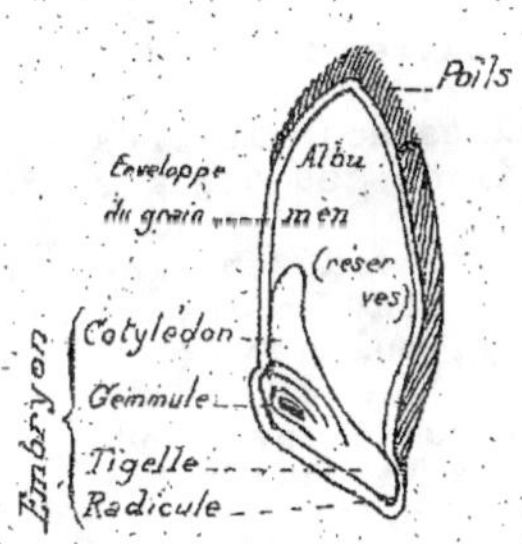

L'embryon ou plantule est formé
des parties suivantes : la radicule, la
tigelle qui se termine par un petit bourgeon appelé gemmule, les cotylédons ou
feuilles primordiales qui sont remplis de
matières nutritives.
L'embryon peut être placé au milieu de l'albumen (ricin), ou sur le côté
(blé), ou encore entourer complètement l'albumen (saponaire).

La nature des matières nutritives contenues dans les cellules de l'albumen varie, mais on y trouve toujours des grains
d'aleurone.
On distingue :
L'albumen farineux, qui contient beaucoup d'amidon(céréales);
l'albumen oléagineux, qui renferme des matières grasses (pavot, ricin, colza,..); l'albumen corné ou cellulosique, dont les cellules
ont les membranes épaissies considérablement, pour constituer des
réserves de cellulose (dattier, caféier).

<u>Tubercules et bulbes</u> -

Les <u>tubercules</u> sont des renflements des tiges souterraines. Ils sont dus au développement du parenchyme primaire dans les tubercules de la pomme de terre, les rhizomes du muguet, du sceau de Salomon, de l'iris. C'est le parenchyme secondaire qui a pris une grande extension dans le tubercule du topinambour.

Les réserves nutritives contenues dans ces formations sont des glucoses, des saccharoses, des dextrines, de l'amidon, des gommes, etc...

Les tubercules de la pomme de terre renferment une très grande quantité d'amidon. Ils renferment aussi des réserves azotées dont la proportion diffère toutefois avec les variétés. L'azote est renfermé surtout dans le parenchyme central.

Les tubercules du topinambour renferment des hydrates de carbone (dont l'inuline), du saccharose, des principes azotés : le tout en dissolution. L'inuline y atteint sa proportion maximum au mois d'octobre.

Le Crosne du Japon renferme en réserve du galactane; l'igname de Chine contient jusqu'à 15 % d'amidon et quelques matières azotées en réserve.

Dans les rhizomes d'iris les réserves nutritives consistent en amidon et saccharose, mais peu de glucose

On appelle écailles des feuilles réduites à une gaine très épaisse et renfermant, comme les cotylédons, des matières nutritives de réserve, des sucres en particulier.

On appelle <u>bulbe</u> la réunion de ces feuilles nourricières. Il existe deux sortes de bulbes, d'après la disposition des écailles.

Les bulbes écailleux, dont les écailles se recouvrent incomplètement (lis par exemple); les bulbes tuniqués, dont les écailles externes enveloppent totalement les internes (oignon, tulipe).

Les matières de réserve sont des matières condensées, qui peuvent être utilisées sous cette forme par la plante lorsque cette dernière en aura besoin :lors de la germination de la graine par exemple ou du développement des tubercules plantés de la pomme de terre.

Ces matières de réserve devront être dédoublées, solubilisées, et ce sera l'oeuvre des diastases.

<u>Diastases.</u>

La diastase constitue pour la cellule végétale un moyen de se procurer,en dehors d'elle, les aliments qui lui sont nécessaires. Chaque diastase est <u>spécifique</u> : c'est ainsi que l'amidon est hydraté puis dédoublé par l'amylase, le sucre candi par la sucrase, le maltose par la maltase, etc.. Il peut arriver qu'une même cellule secrète les unes après les autres différentes diastases suivant les aliments à utiliser. C'est ainsi que le stérigmatocystis nigra secrète l'amylase sur l'amidon et la sucrase sur le sucre de canne.

Cette secrétion diastasique chez les êtres supérieurs est localisée à la fois dans le temps (au moment de l'utilisation de la réserve par exemple) et dans l'espace (c'est ainsi que dans les amandes amères, la matière alimentaire (amygdaline) se trouve dans des cellules différentes de celles où est la diastase (émulsine) qui doit la transformer en aldéhyde benzoïque, glucose et H C N). Cette double localisation est nécessaire pour la constitution des réserves.

Les diastases sont des secrétions animales (pepsine, etc..) végétales ou microbiennes, à caractère très contingent. Pendant long-temps on crut qu'elles étaient des matières azotées. On les a puri-fiées : elles ne contiennent presque pas d'azote.

On peut extraire les diastases :
a) Par simple macération par exemple de la levure dans l'eau salée, alcoolisée ou glycérolée.
b) Par compression du microbe (ou de la cellule), où l'action successive du gel et du dégel.
c) Par plasmolyse dans l'éther de chloroforme ou un milieu glycérolé.
d) Par dessication modérée et traitement ultérieur par l'alcool-éther ou l'acétone.

On obtient ainsi des diastases liquides. Pour obtenir de la poudre de diastase, on la précipite dans l'alcool où elle est in-soluble, et on filtre.

Les diastases sont solubles dans l'eau et la glycérine, insolubles dans l'alcool, elles jouissent de tous les phénomènes de coagulation. Leurs réactions sont de nature catalytique. Elles peu-vent transformer sans s'altérer des quantités énormes de matières (l'amylase transforme 200.000 fois son poids d'amidon; certaines pré-sures coagulent un million de fois leur poids de lait). Ces réactions se font avec dégagement de chaleur.

Beaucoup de diastases sont favorisées par l'addition d'un peu d'acide. Il y a des sels accélérateurs et des sels retardateurs.
Pour toutes les diastases il existe une température optima et une température mortelle. La lumière est assez nuisible pour cer-taines diastases (maltase, présure), et non pour d'autres (sucrase).

Les réactions diastasiques obéissent aux lois de l'équili-bre. En général, quand on enlève les produits d'une réaction diasta-sique, cette dernière continue.

Nous avons cité de nombreux exemples de réactions diastasi-ques dans la première partie du cours (Rappel des Notions de Chimie), à laquelle nous renvoyons.

Nous allons donner ici la classification habituelle des diastases :

I) <u>Diastases hydratantes</u> [(dextrinase, maltase, sucrase, lactase) donnant la réaction générale :

$$C^{12} H^{22} O^{11} + H^2 O = 2 C^6 H^{12} O^6, - \text{raffinase, émulsine,}$$

uréase, tannase) <u>et déshydratantes</u>. Ces diastases agissent sur des sucres ou des matières azotées (uréase). Elles constituent le groupe le plus important.

II) <u>Diastases coagulantes et décoagulantes</u> (présure, caséase, trypsine, pepsine).

III) <u>Oxydases</u>. Ce sont des diastases spéciales, très résistantes aux agents physiques. Exemple de réaction :

$$C^6 H^4 (OH)^2 + O = C^6 H^4 O^2 + H^2 O .$$

IV) <u>Diastases décomposantes</u> (zymase alcoolique).

Nous allons donner un exemple de l'utilisation des réserves en étudiant la germination de la graine.

<u>Germination de la graine.</u>
La germination consiste dans le développement de la plantule laquelle constituera une nouvelle plante.

Pour que la graine germe, deux groupes de conditions sont nécessaires: conditions internes (inhérentes à la graine elle-même), conditions externes (milieu).

Les principales conditions internes sont : que la graine soit mûre, qu'elle soit en bon état, qu'elle ait conservé son pouvoir germinatif.

I° Il faut que la graine soit <u>mûre</u>, c'est-à-dire que toutes ses parties aient acquis leur développement. Dans certains cas (haricot), la graine peut germer avant d'avoir atteint sa maturité apparente. Dans d'autres cas, au contraire, (pêcher) la maturité apparente précède la maturité réelle, et les graines ne peuvent germer qu'une année ou deux après leur formation.

2° La graine doit être en <u>bon état</u>, c'est-à-dire que ses tissus ne doivent pas être altérés. En général elle est en bon état si, jetée dans un vase contenant de l'eau, elle tombe au fond. Mais cet essai ne peut pas être utilisé pour les graines à albumen oléagineux qui, étant légères, surnagent toujours.

3° La graine doit avoir conservé son <u>pouvoir germinatif</u>, c'est-à-dire la faculté de germer. Cette faculté germinative disparaît dès que les réserves nutritives s'altèrent. Les graines conservent cette faculté plus ou moins longtemps.

Les graines à albumen corné doivent être semées immédiatement. Les graines oléagineuses conservent leur pouvoir germinatif un peu plus longtemps; mais elles s'altèrent encore rapidement, car l'huile de leurs tissus rancit vite.   Les graines amylacées sont celles qui peuvent se conserver le plus longtemps.

<u>Conditions externes</u> :
          Une graine pour germer, a besoin d'eau, d'oxygène et de chaleur.
          I° Eau :   Une graine ne peut germer dans un milieu sec. Il faut de l'eau, ni trop, ni trop peu. Il y a une dose optima.
          2° Oxygène : La graine respire très activement. Elle a donc besoin d'oxygène. Mais il n'en faut pas trop. Ainsi , sous la pression de 5 atmosphères d'oxygène, les graines germent difficilement, et elles ne germent plus sous I2 atmosphères de pression.   Les conditions les meilleures sont réalisées par l'air atmosphérique.
          3° Chaleur : La graine, pour germer, a besoin de chaleur.

Une certaine température est donc nécessaire, mais elle ne doit être ni trop basse, ni trop élevée. Au-dessous d'une certaine température, la graine ne peut germer. C'est la température minima. Au-dessus d'un certain maximum, elle ne peut germer non plus.

Enfin , il existe une température pour laquelle la germination se fait avec la plus grande rapidité (optimum). La figure indique ces trois températures pour le trèfle.

<u>Phénomènes morphologiques de la germination</u> -
          Lorsqu'on place une graine dans de bonnes conditions (humidité, aération, chaleur), elle germe et subit des modifications de forme.
          Si l'on place un haricot, par exemple, dans ces conditions, les téguments se déchirent par suite du grossissement de la plantule, puis la radicule sort de la graine et s'enfonce dans le sol; bientôt la tigelle s'allonge, se redresse, et soulève les cotylédons. Enfin, ces derniers se flétrissent et s'écartent pour laisser passer la gemmule, qui va s'accroître et donner des feuilles normales.
          La partie de la tige donnée par la tigelle est appelée tige hypocotylée. Celle qui est donnée par la gemmule, est la tige épicotylée.

          Chez certaines plantes (chêne), la tigelle ne s'allonge pas et les cotylédons restent dans le sol. Dans ce cas la tige aérienne est presque toute entière formée par la région épicotylée. On dit alors que les cotylédons sont hypogés. Tandis que dans le haricot, les cotylédons s'épanouissent dans l'air, et sont dits épigés. La plupart des monocotylédones ont des cotylédons hypogés; la plupart des dicotylédones ont des cotylédons épigés.

<u>Phénomènes physiologiques de la germination.</u>
          Pendant longtemps on a admis que la graine qui n'est pas en état de germination n'accomplit pas d'échanges avec le milieu

extérieur. (On disait qu'il y avait vie latente. En réalité, il y a
plutôt _vie ralentie_).

Plaçons trois lots de graines mûres: le premier à l'air
libre, le second dans un volume d'air limité, le troisième dans le
gaz carbonique. Au bout de deux ans le premier lot a augmenté de poids
et 90 % de ses graines peuvent germer; le second lot augmente faiblement de poids, et seulement 50 % de ses graines peuvent germer; le
troisième lot n'a pas varié et toutes ses graines sont mortes.

Donc, les graines du premier lot ont accompli des échanges
avec l'air; elles ont respiré. Mais ces échanges gazeux, faibles pendant l'état de vie ralentie, augmentent rapidement avec la germination. Le rapport $\frac{CO_2}{O}$ peut descendre jusqu'à 0,6 et même 0,5. Il y
a donc près de la moitié de l'oxygène absorbé qui reste à l'intérieur
des tissus de la graine pour y produire des oxydations énergiques.

La germination marque donc bien le passage de la vie ralentie
à la vie active.

Ces oxydations dégagent une certaine quantité de chaleur,
qui se manifeste par une élévation de température.

En même temps que ces phénomènes d'oxydation se produisent,
il apparaît des sucs digestifs ou diastases, qui vont rendre assimilables les matières de réserve contenues soit dans l'albumen, soit
dans les cotylédons.

Dans le cas des graines à albumen, deux cas sont à considérer:
Iº Si l'albumen est oléagineux, il peut digérer ses propres matériaux et l'embryon absorbe ensuite ces produits digérés. On peut
même dans ce cas isoler l'albumen du reste de la graine et le faire
germer.

2º Si l'albumen est amylacé, c'est l'embryon, et plus spécialement les cotylédons, qui sécrètent les diastases capables de digérer
l'albumen. On a pu, dans certains cas, remplacer l'albumen par une
sorte de pâte, ayant la même composition chimique que l'albumen et
la plantule peut alors s'accroître pendant un certain temps en se
nourrissant de cette pâtée.

Lorsque les graines sont sans albumen, la digestion s'ef -
fectue à l'intérieur des cotylédons.

Quelle que soit la nature des matières de réserve, celles-
ci sont nécessaires au développement de la plantule.

9ème Leçon -

RESPIRATION -

La respiration est ce phénomène dont nous avons déjà parlé, par lequel la plante absorbe de l'oxygène dans l'atmosphère qui l'environne et y rejette du gaz carbonique.

En d'autres termes, c'est le phénomène par lequel elle puise dans l'air extérieur l'oxygène alimentaire dont elle a besoin.

De Saussure montra le premier la constance du phénomène.

Garreau, en 1850, le mit en évidence au moyen de l'expérience suivante : il prit une allonge se prolongeant par un tube de 3 à 4 m/m de diamètre et plongeant dans la cuve à eau. On met une coupelle contenant de la potasse dans l'allonge et, par l'ouverture du bouchon, on fait passer un rameau vert.

A la lumière, on ne trouve pas de variation sensible dans le niveau de l'eau, car la respiration et l'assimilation chlorophyllienne se font sensiblement équilibre. Dès que la lumière baisse, le niveau de l'eau s'élève dans le tube : en effet, la plante absorbe de l'O en rejetant un volume sensiblement égal de CO_2, mais ce dernier est absorbé par la potasse, ce qui produit une dépression dans le tube.

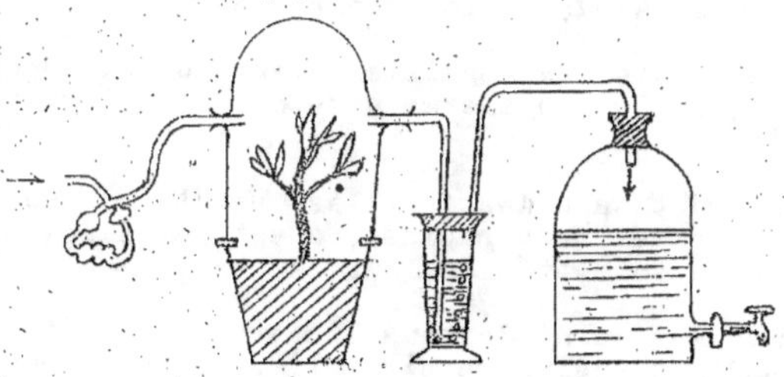

On peut aussi constater le phénomène par l'expérience suivante, qui permet de placer la plante pendant plus longtemps dans des conditions normales (précédemment en effet, l'air de l'allonge s'appauvrissait peu à peu en oxygène): On place la plante sous une cloche, dans laquelle on fait passer un courant d'air continu et privé de gaz carbonique par passage préalable dans un tube à boules

contenant de l'eau de chaux. A sa sortie de la cloche, l'air traver-
se une éprouvette contenant de l'eau de baryte ou de chaux. On constate que cette dernière se trouble, par suite de la formation de
CO_3 Ca.

On supprime l'assimilation chlorophyllienne en recouvrant
par exemple la cloche C d'un papier noir.

Ce phénomène respiratoire est d'ailleurs général dans la
plante: toutes les parties de cette dernière (racines, tige, feuilles)
respirent. Mais, suivant qu'il s'agit d'une partie ou d'une autre
du végétal, la <u>circulation des gaz</u> se fait un peu différemment :

I° Les <u>racines</u> absorbent l'air du sol par leurs poils absorbants, le reste de leur surface étant cutinisé et imperméable.
Les mêmes poils rejettent CO_2, lequel est capable d'agir sur les
carbonates et les phosphates de calcium du sol, et d'en faire des
bicarbonates et des phosphocarbonates solubles que les racines
absorbent alors pour la constitution de la sève.
D'où l'utilité des labours, non seulement pour l'ameublis-
sement, mais encore pour l'aération du sol.

Comment respire une racine immergée? D'abord comme une
plante aquatique que nous examinerons tout à l'heure. De plus, Müntz
a montré qu'une racine immergée peut probablement, si l'eau ou le
sol renferment des nitrates, prendre de l'oxygène en réduisant les
nitrates.

2° Les <u>jeunes tiges et les jeunes rameaux</u> respirent par les
stomates de leur épiderme tant que celui-ci persiste. Après qu'il
est tombé et a fait place au liège, c'est par les lenticelles que
se font les échanges gazeux de la respiration.

3° Les <u>feuilles</u> prennent également leur O et dégagent leur CO_2
par les stomates, car leur épiderme plus ou moins cutinisé est imperméable à l'air.

La surface totale des feuilles étant de beaucoup supérieure
à celle des tiges, rameaux et racines, c'est par elles que les plantes
absorbent la presque totalité de leur oxygène.

Le limbe est celui de tous les organes végétatifs qui possède la plus grande intensité respiratoire. Cette intensité paraît
être en rapport avec les nombreux stomates et les nombreuses lacunes
du parenchyme qui assurent une facile circulation des gaz. Elle est
diminuée si on obture partiellement les stomates par un enduit de
vaseline à la surface des feuilles.

4° Les <u>fleurs</u> respirent beaucoup plus énergiquement que toutes
les autres parties de la plante, surtout les étamines et le pistil.
C'est encore par les stomates que se font les échanges gazeux chez
les fleurs.

5° **Les plantes aquatiques** absorbent l'O de l'air contenu dans l'eau et dégagent lentement du CO_2, lequel se dissout au fur et à mesure dans l'eau ambiante. L'oxygène pénètre dans les feuilles en traversant par osmose leur épiderme, qui est perméable, jamais cutinisé, et dépourvu de stomates qui seraient inutiles.

Puis ce gaz s'accumule dans les grandes lacunes (voir le Cours de Botanique) creusées dans le parenchyme, où le protoplasme le puise à mesure qu'il en a besoin et dans lesquelles il déverse également le CO_2 qu'il engendre. Après quoi, ce dernier diffuse par toute la surface de la feuille et se dissout dans l'eau.

6° Enfin les **graines** elles-mêmes respirent. Leur partie fonda - mentale est, en effet, une petite plantule ou embryon, qui se trouve simplement à l'état de **vie ralentie**, et qui attend de se trouver dans des conditions convenables pour continuer son développement. Seulement leur respiration est naturellement très faible tant qu'elles ne sortent pas de leur période de sommeil, c'est-à-dire tant qu'elles n'entrent pas en germination, et il faut les tenir enfermées pendant trois ou quatre mois dans un flacon bien bouché pour arriver à constater une absorption sensible d'oxygène et un dégagement de CO_2. Les tubercules et les bourgeons qui passent l'hiver ont également une res- piration très faible.

Mesure du phénomène respiratoire; quotient -
L'intensité respiratoire se mesure par les quantités d'O absorbé et de CO_2 dégagé pendant un temps donné. On appelle quotient respiratoire le rapport

$$Q = \frac{CO_2}{O}$$ de l'anhydride carbonique dégagé à l'oxygène absorbé.

Si tout l'oxygène absorbé par une plante reparaissait en- suite sous forme de CO_2, on aurait $Q = I$, car on sait que, dans la synthèse du CO_2, un volume de C se combine avec deux volumes d'O pour donner deux volumes de CO_2.

Pour mesurer expérimentalement les deux termes du rapport, on a recours à deux méthodes principales, qui donnent d'ailleurs des résultats différents, la méthode de l'air confiné et la méthode du vide.

Méthode de l'air confiné -
On place une plante sous une cloche hermétiquement close et à laquelle on adapte un petit appareil spécial (appareil à prises) permettant d'en retirer à volonté un volume déterminé d'air. On opère à l'obscurité, pour éviter l'influence de l'assimilation chlorophyllienne. (On pourrait aussi opérer à la lumière, avec des champignons).

Au début de l'expérience, on prélève 100 cm^3 d'air de la cloche et on les fait passer sous une éprouvette graduée à mercure pour en faire l'analyse chimique.

Au bout de deux à trois heures, quand la respiration a modifié la composition de l'atmosphère de la cloche, on prélève de nouveau IOO cm³ d'air que l'on analyse à leur tour.

Ce procédé donne toujours pour le quotient respiratoire une valeur inférieure à I (0,77 pour le tabac; 0,97 pour le fusain; 0,50 pour l'agaric; tous ces végétaux étant pris à l'état adulte).

De plus ce rapport changerait de valeur avec la période de développement de la plante : chez les graines non en germination, il est très sensiblement égal à I, bien que les quantités absolues de CO_2 et d'O soient extrêmement faibles; — chez les graines en pleine germination, il passe par un minimum qui oscille entre 0,4 et 0,5; — puis il se relève progressivement et atteint un nouveau maximum variant entre 0,8 et 0,95.

Enfin, la chaleur et la lumière, qui font varier les quantités absolues de CO_2 et d'O (intensité respiratoire), ne modifieraient pas le quotient respiratoire.

Méthode du vide -

La méthode précédente ne peut donner que des résultats approchés: la plante mise en expérience se trouvant dans une enceinte où l'air ne se renouvelle pas est amenée à respirer dans une atmosphère de plus en plus anormale, à mesure qu'elle dégage CO_2 et absorbe de l'Oxygène. De plus, il est difficile d'effectuer des mesures exactes du CO_2, car ce gaz se dissout dans le suc cellulaire à mesure qu'il prend naissance et il ne commence à se dégager que lorsque la sursaturation du suc cellulaire est atteinte.

Pour obtenir une mesure plus exacte du Q respiratoire, il est nécessaire :

I° D'extraire d'abord des feuilles au début de l'expérience la totalité des gaz dissous en faisant le vide à l'aide d'une pompe à mercure. On élimine ainsi le CO_2 qui était déjà dissous dans le suc cellulaire avant l'expérience.

2° De répéter la même opération à la fin de l'expérience, afin d'obtenir le CO_2 qui s'est dissous dans le suc cellulaire au cours de cette expérience, et qui doit s'ajouter à celui dont on a mesuré le dégagement.

Contrairement à la méthode précédente, cette méthode donne pour le quotient respiratoire des valeurs toujours supérieures à l'unité (chou: 1,05; fusain: 1,07; lierre: 1,10).

Toutefois ce résultat n'est général que pour des feuilles jeunes, à parenchyme mince, laissant facilement échapper les gaz. On peut formuler cette loi assez générale: lorsqu'un organe a eu un coefficient (ou quotient) respiratoire >1, puis égal à 1, si ce coefficient devient <1, cet organe est en voie de dégénérescence.

Pour les feuilles charnues, les tiges et les graines en germination, le quotient respiratoire est toujours inférieur à l'unité.

Le quotient respiratoire varie surtout en fonction de trois facteurs principaux: l'âge, la température et l'état antérieur de la plante:

I° Q reste supérieur à I pendant toute la période de végétation active; il diminue et tombe au-dessous de I quand la plante vieillit ou quand elle forme ses graines.

2° Q croît avec la température et atteint son maximum aux environs de 30°. C'est le facteur température qui fait comprendre que le quotient respiratoire varie pour ainsi dire d'une heure à l'autre de la journée.

3° Chez les plantes grasses la valeur diurne du quotient est toujours plus grande que sa valeur nocturne. Chez les plantes ordinaires les variations sont inverses.

<u>Variations du phénomène respiratoire avec les conditions externes et internes.</u>

L'intensité respiratoire se mesure par les quantités d'O absorbé et de CO_2 dégagé pendant un temps donné. Ces quantités varient avec: la nature des plantes, leur âge, la lumière et la température.

I° Les diverses espèces de plantes possèdent des intensités respiratoires différentes. Les annuelles (haricot, blé, etc..) sont celles qui, avec les arbres qui perdent leurs feuilles en automne, respirent le plus activement. Les plantes grasses (cactées, etc..) respirent beaucoup moins activement (jusqu'à cent fois moins que le blé).

2° L'absorption d'Oxygène, pour une même plante, varie avec les différentes phases de son développement. Les plantes annuelles présentent présentent un premier maximum tout à fait au début, alors que les graines dont elles proviennent sont en pleine germination. Puis la respiration diminue, pour augmenter de nouveau et atteindre un autre maximum au moment de la floraison.

3° La lumière diminue manifestement l'intensité de la respiration chez les champignons, qui sont dépourvus de chlorophylle (un tiers par exemple chez l'agaric).
Chez les plantes vertes il est difficile de déterminer exactement la différence de l'intensité respiratoire à la lumière et à l'obscurité, parcequ'à la lumière la respiration se complique de l'assimilation chlorophyllienne.

4° L'élévation de la température active l'intensité respiratoire. Au-dessous de 0° la respiration est extrêmement faible. Elle devient de plus en plus intense jusqu'à 45° environ pour la plupart des plantes. Puis elle baisse brusquement, et cesse généralement aux environs de 60°. De 0 à 45° les accroissements de l'intensité respiratoire ne sont d'ailleurs pas proportionnels aux accroissements de température.

<u>Signification du phénomène respiratoire.</u>

On a admis pendant longtemps que l'O absorbé par la plante se combinait directement avec le carbone de certaines substances intracellulaires et donnait ainsi lieu à une production immédiate de CO_2.

Les phénomènes sont en réalité beaucoup plus complexes: le CO_2 proviendrait du dédoublement d'acides organiques qui se forment dans les plantes surtout la nuit.

Dans une première phase l'O, à mesure qu'il est absorbé par la plante, se combinerait avec les sucres qui se forment constamment, comme nous l'avons vu, dans les organes verts exposés à la lumière. Cette oxydation donnerait lieu à une production d'acides organiques (malique, tartrique, oxalique, succinique, etc..).

Ce qui rend cette hypothèse vraisemblable, c'est que l'absorption d'oxygène est toujours plus grande quand la plante est gorgée de sucres, tandis que le suc cellulaire, de son côté, devient plus acide. Enfin on a constaté que l'acidité des divers organes est en rapport avec leur intensité respiratoire.

Dans une seconde phase, les acides organiques se dédoubleraient en deux parties : du CO_2 qui se dégage et un résidu capable à son tour de fixer de l'oxygène et de se transformer en un autre acide moins riche en carbone que le premier. Ce nouvel acide se dédoublerait à son tour en CO_2 et un autre résidu oxydable.

On sait par exemple que l'acide lactique peut se dédoubler en CO_2 et en alcool éthylique, d'après la formule :

$$C^3 H^6 O^3 = CO_2 + C^2 H^5 O.$$

L'oxydation de cet alcool donne de l'acide acétique et de l'eau :

$$C^2 H^6 O + O = C^2 H^4 O^2 + H^2 O$$

Cet acide acétique à son tour peut se dédoubler en méthane et CO_2, d'après la formule :

$$C^2 H^4 O^2 = CO_2 + CH^4 .$$

On peut penser que de semblables réactions se produisent au cours de la respiration normale : l'oxygène se fixerait sur les sucres engendrés par les organes verts et les acides organiques provenant de cette oxydation se dédoubleraient ensuite en produisant un dégagement de CO_2.

10 ème Leçon.

____

8° Fermentations -

Si l'on envisage la respiration en se plaçant à un point
de vue très général, on peut dire que la plante, comme l'animal,
absorbe de l'oxygène, et dégage du gaz carbonique ayant pour origine
la combustion de ses réserves. L'énergie chimique disponible qui résulte de ces oxydations est consommée sous forme de chaleur rayonnée
ou de travail intérieur (réduction, changement d'état des substances
nutritives).

L'être vivant a besoin d'énergie propre à entretenir son
activité; sa conservation dépend, en effet du remplacement immédiat
de toute molécule détruite par les éléments d'une molécule semblable apportés par le courant alimentaire.

La source de cette énergie se trouve dans les oxydations
des matières organiques, et aussi dans leur hydratation, dans les
dédoublements exothermiques qu'elles subissent, etc..

L'état de vie aérobie est celui de tout être qui puise
une partie de son énergie dans les oxydations faites avec le secours
de l'oxygène extérieur.- L'état de vie anaérobie est celui de l'être
qui, sans le secours de l'oxygène extérieur, puise son énergie dans
l'hydratation et les dédoublements de ses matériaux constitutifs.

Les bactéries sont des êtres de très faible taille (appelés encore microbes), faisant partie du groupe des algues bleues.
Certaines espèces respirent comme les autres végétaux en absorbant
de l'oxygène et en dégageant du CO_2; on les appelle espèces aérobies.
Les autres restent à l'état de vie ralentie ou même sont tuées quand
elles se trouvent en contact avec l'air; elles ne vivent et ne se
multiplient que quand elles sont plongées dans des substances particulières qu'elles décomposent, à l'abri de l'air, en produits plus
simples parmi lesquels se trouve peut-être de l'oxygène qu'elles
absorbent. On les appelle bactéries anaérobies.

Un exemple curieux de respiration de bactéries aérobies
nous est fourni par les sulfuraires.

Ces bactéries possèdent des propriétés oxydantes qu'elles
exercent sur H_2S quand il se trouve en leur présence; cette oxydation
donne de l'eau et un dépôt de soufre.

Les plus connues de ces bactéries sont les Beggiatoa, qui
ont la forme de petits filaments pluricellulaires et incolores,
vivant en abondance dans les eaux sulfureuses de Barèges. Elles
restent toujours à la surface de l'eau afin de pouvoir absorber facilement l'oxygène, qu'elles fixent sur H_2S en produisant un dépôt
de soufre qui s'accumule sur leurs cellules mêmes sous formes de granules microscopiques.

Toutefois cette accumulation de soufre dans le protoplasme des sulfuraires n'est pas illimitée, bien qu'elles ne puissent vivre que dans les eaux chargées de H^2S. C'est qu'elles portent leur action oxydante non seulement sur ce dernier gaz, mais aussi sur le soufre même dont elles ont provoqué la formation. Elles en font de l'SO^4H^2 qui, avec les sels dissous dans l'eau, donne des sulfates. A ce moment interviennent d'autres bactériacées qui produisent aux dépens de ces sulfates une nouvelle quantité d'H^2S qui continuera d'assurer la vie des sulfuraires.

On donne le nom de _fermentations_ à des réactions d'oxydation, d'hydratation ou de dédoublement, que subissent certaines matières organiques, sous l'influence d'organismes microscopiques qui appartiennent soit à la classe des champignons (fermentations fongiques) soit au groupe des bactériacées (fermentations bactériennes).

Nous allons donner quelques exemples de ces fermentations, en commençant par les fermentations bactériennes, qui sont les plus importantes, en dehors de la fermentation alcoolique, laquelle est fongique.

Fermentation acétique -
Elle consiste essentiellement dans la transformation de l'alcool éthylique C^2H^6O en acide acétique $C^2H^4O^2$, sous l'influence d'une bactérie particulière, le microcoque du vinaigre (micrococcus acéti), appelé quelquefois à tort mycoderma acéti.

En règle générale, tous les liquides alcooliques (vin, cidre, bière, etc..), quand ils sont abandonnés à l'air, aigrissent par formation d'acide acétique qui se substitue à l'alcool. L'explication du phénomène est la suivante :

Les microcoques du vinaigre ont la forme de toutes petites cellules arrondies de 1μ. de diamètre environ, et qui sont très communes dans les poussières de l'air. Du vin, par exemple, étant exposé à l'air, les microcoques sont apportés à leur surface par les poussières et s'y développent en formant une sorte de voile à la surface du liquide, parce qu'ils sont aérobies. De plus, ils fixent sur l'alcool une partie de l'oxygène qu'ils absorbent et l'oxydent pour en faire de l'acide acétique :

$$C^2H^6O + O^2 + (microcoque) = C^2H^4O^2 + H^2O.$$

Les microcoques se multiplient au contact de l'air avec une telle rapidité qu'au bout de quelques mois ils arrivent à former à la surface du liquide alcoolique une sorte de membrane gélatineuse assez consistante pour pouvoir être enlevée d'une seule pièce. C'est ce qu'on appelle la mère du vinaigre.

La fermentation acétique est utilisée dans la fabrication du vinaigre.

Fermentation ammoniacale -

Cette fermentation, dont nous avons déjà parlé à propos du cycle de l'azote, et qui se produit avant la nitrification, consiste dans la production de divers composés ammoniacaux aux dépens des matières albuminoïdes organiques sous l'action de bactéries particulières très communes dans le sol. Cette fermentation peut être provoquée par une vingtaine d'espèces bactériennes, dont la plus connue est le Micrococcus urce.

Prenons comme exemple la fermentation ammoniacale de l'urée, substance de déchet éliminée de l'organisme par l'urine.

Abandonnée à elle même, l'urine, d'abord claire et acide, se trouble et devient alcaline en dégageant de l'NH_3 . De plus, elle abandonne un dépôt orangé formé d'urates et de phosphate ammoniaco - magnésien. L'analyse chimique montre que l'urée a disparu et est remplacée par le carbonate d'ammoniaque.

Une parcelle de ce précipité, examinée au microscope, se montre remplie de micrococques de I^Ω de diamètre environ, libres ou associés en chapelet. Ce sont ces bactéries qui décomposent l'urine. Elles hydratent l'urée et la transforment en carbonate d'ammoniaque, d'après la réaction :

$$CO(NH_2)_2 + (microcoque) + 2H_2O = CO_3(NH_4)_2$$
$$\underline{\quad\quad} \text{urée}$$

Ce carbonate se dissocie partiellement à l'air en dégageant NH_3 et devient du bicarbonate.

L'urine s'ensemence par hasard de spores de micrococques, lesquelles sont très communes. On peut provoquer une fermentation immédiate en mettant dans de l'urine fraîche quelques parcelles du dépôt abandonné par de la vieille urine qui a déjà fermenté.

Ce n'est pas pour se procurer une substance alimentaire que les bactéries de la fermentation ammoniacale décomposent l'urée. Elles n'absorbent pas l'azote de cette dernière substance et ne se comportent pas par exemple comme les cellules de la levure de bière qui se nourrissent aux dépens du sucre mis en leur présence. L'urine a seulement pour effet de constituer le milieu alcalin qui est le seul où puissent se développer ces bactéries.

Ces bactéries secrètent une _diastase_, appelée _uréase_ qui hydrate l'urée.

Signalons que dans la décomposition des matières organiques, il se produit, à côté de la fermentation ammoniacale, d'autres fermentations, telles que la fermentation _putride_ et la fermentation _sulfhydrique_.

Fermentation butyrique -

La fermentation butyrique est une décomposition particulière que subissent les matières ternaires des tissus végétaux, et

particulièrement la cellule de leurs parois cellulaires, sous
l'action d'une bactérie spéciale appelée le Bacille de la Cellulose
(Bacillus amylobacter) ou encore le ferment butyrique.

L'acide butyrique $C^4H^8O^2$ est le produit essentiel de cette
fermentation.

Signalons que les substances capables de subir la fermentation butyrique (sucres, matières amylacées; acides citrique, malique, tartrique; glycérine) peuvent également subir la fermentation
lactique (laquelle donne de l'acide lactique $C^3H^6O^3$, d'après la formule suivante, pour la glucose par exemple :

$$C^6H^{12}O^6 = 2 \ C^3H^6O^3)$$

L'une ou l'autre de ces fermentations se produit suivant
les circonstances et notamment suivant les conditions où se trouvent les substances vis-à-vis de l'air: en présence de l'air, elles
subissent la fermentation lactique; à l'abri de l'air, c'est le ferment butyrique qui se développe. Bien mieux, si dans le cours d'une
fermentation lactique l'air vient à manquer, le __Bacillus amylobacter__,
qui est __anaérobie__ se développe aussitôt et substitue son action à
celles des bactéries lactiques qui, en l'absence d'air, passent alors
à l'état de spores.

Le B. amylobacter existe à l'état de spores à la surface
des végétaux, etc. Il est anaérobie. On peut, pour le faire développer et réaliser une fermentation butyrique, réaliser l'expérience
suivante :

Mettons des fragments de végétaux au fond d'un flacon
complètement rempli d'eau et muni d'un tube de sûreté.

L'eau devient peu à peu laiteuse. Il s'en dégage une forte
odeur de beurre rance due à l'acide butyrique qui s'y est formé;
et si on examine une goutte au microscope, on la trouve pétrie de
bacilles de la cellulose; qui ont la forme de petits bâtonnets
brillants de 4 à 10 μ de longueur, souvent renflés à une de leurs
extrémités au moment de la formation des spores et colorables en
bleu par l'iode.

Le b. amylobacter a décomposé peu à peu la cellulose en
produits divers, dont les trois principaux sont: l'acide butyrique qui
se dissout dans le liquide, l'hydrogène et CO^2 qui s'accumulent au
sommet du flacon et font remonter le liquide dans le tube de sûreté.
Avec le glucose, la réaction est la suivante :

$$C^6H^{12}O^6 = 2\ CO^2 + H^4 + \underline{C^4H^8O^2}$$
$$\text{acide butyrique}$$

S'il s'agit d'une substance ternaire soluble dans l'eau
le b. amylobacter y produit directement la fermentation butyrique.

Si elle est insoluble (cellulose par exemple), le b.amylobacter
commence par la liquéfier, sans doute à l'aide d'une diastase qu'il
sécrète au préalable.
    Le b.amylobacter n'attaque pas les fibres du lin et du
chanvre, et cette propriété est utilisée dans le rouissage de ces
plantes.

    C'est le b.amylobacter qui agit sur les feuilles mortes
tombées sur le sol et les réduit peu à peu à leurs nervures en décomposant tout le parenchyme du limbe.

<u>Fermentation alcoolique</u> -
    Elle consiste essentiellement dans le dédoublement des
sucres en alcool et CO_2, par certains champignons de l'ordre des
Ascomycètes (levures, aspergilles, pénicilles) et quelques-uns de
la famille des Mucorinées (Mucor racemosus).

    Les levures interviennent dans la fabrication de la bière,
du vin, du cidre et du poiré.

    La levure de bière (Saccharomyces cerevisiæ) est constituée
par de petites cellules ovoïdes de 8 à 9 m de longueur, isolées ou
en chapelets. Placées dans de bonnes conditions nutritives, ses cellules
se multiplient activement. Dans des conditions défavorables, il se
constitue des spores, qui subsistent à l'état de vie ralentie.

    Lorsqu'on met la levure avec une solution de glucose dans
un vase peu profond et à large ouverture, de telle sorte que l'air
puisse se renouveler facilement à la surface, les Saccharomyces sont
le siège d'une respiration normale (ils absorbent O et dégagent CO_2)
De plus, ils absorbent pour leur nutrition une petite quantité de
glucose qu'ils s'assimilent. Ils se comportent donc alors en organismes aérobies et se multiplient activement.

    Si au contraire la levure, accompagnée d'une solution
sucrée, est enfermée dans un flacon à col étroit où l'atmosphère ne
se renouvelle pas et devient bientôt irrespirable à cause du CO_2
dégagé, les choses se passent ainsi: les cellules des saccharomyces
décomposent le sucre de glucose en alcool éthylique $C_2 H_6 O$ et en CO_2.
Ces conditions sont très défavorables au developpement de la levure;
son poids n'augmente guère que de I % de celui du sucre employé.

    Ce dédoublement du glucose est ce qu'on appelle la fermen-
tation alcoolique, parce que l'alcool est le principal produit qui
y prend naissance.

    Gay-Lussac a donné la formule suivante de la réaction :

$$C_6 H_{12} O_6 = 2\ C_2 H_6 O + 2\ CO_2$$

    Des recherches plus précises de Pasteur ont montré que:
Dans toute fermentation alcoolique, l'alcool et le CO_2 ne sont
que les deux produits principaux; il s'y forme toujours en outre

dé la glycérine et de l'acide succinique. Les produits suivants
sont donnés par la fermentation de I05 grammes de sucre de glucose:

$$\left.\begin{array}{lr}
\text{Alcool} & : \quad 5I \\
CO^2 & : \quad 48,90 \\
\text{Glycérine} & : \quad 3,I5 \\
\text{Acide succinique} & \quad 0,65 \\
\text{Sucre cédé à la levure:} & \quad I
\end{array}\right\} \quad I04,70$$

Les différentes réactions qui se passent dans la fermentation alcoolique sont d'ailleurs très complexes, et on n'a pu réus-
sir à établir une formule précise qui en rende compte; les produits
qui précèdent sont seulement les plus constants et leurs proportions
peuvent varier.

Certaines substances facilitent la fermentation alcoolique
par leur présence: la gomme arabique, le tanin par exemple. Ilest
probable que dans ces conditions la cellule crée plus facilement
ses parois cellulosiques aux dépens de ces nouveaux hydrates de
carbone.

Pasteur pensait que la levure, ne pouvant respirer dans
l'air confiné, décomposait le sucre pour y trouver l'oxygène nécessaire à sa respiration.

Des recherches plus récentes ont conduit à une autre interprétation du phénomène : la levure secrète une diastase ayant la
propriété de dédoubler le sucre en alcool et CO^2. (Cette diastase
peut être obtenue en triturant la levure avec du sable fin, puis en
filtrant la bouillie sous une pression de 200 à 300 atmosphères.
Cette diastase provoque la fermentation alcoolique tout comme la
levure normale).

Le dédoublement du sucre provoqué par la diastase est
accompagné de la production d'une certaine quantité d'énergie utilisée par les cellules pour les réactions internes, à la place de celle
que produisent les oxydations de la respiration normale dans l'air.

La levure de bière (S.cerevisiœ) n'est pas le seul organisme qui puisse provoquer la fermentation alcoolique. Sur tous les
fruits sucrés il se développe une ou plusieurs espèces capables de
faire fermenter le liquide sucré provenant de ce fruit.

Citons, en dehors de la levure de bière qui ne se rencontre pas à l'état spontané, mais se rencontre surtout dans les vases à
cultures où dans les cuves où se fabrique la bière, la levure exigue
(S.exiguus) qui se trouve dans tous les fruits fermentés et ne
mesure pas plus de 3 $^{(n)}$ (cidre, poiré), la levure elliptique (S.ellip-
soïdeus) et la levure apiculée (S.apiculatus) qui sont les deux
espèces vivant en été sur les raisins et provoquant la fermentation
du moût.

La levure apiculée se trouve sur toutes les espèces de fruits et même dans certaines bières. C'est elle qui apparaît toujours en premier lieu dans toutes les fermentations des fruits (raisins, pommes, poires, etc..). Elle joue un rôle actif dans la fabrication du cidre et du poiré.

Quelles sont les matières susceptibles de fermenter? En règle générale, toutes les substances sucrées, d'origine quelconque. Il en est de même des matières amylacées (amidon de la pomme de terre, de l'orge, du riz, du maïs) que l'on transforme préalablement en sucre soit par des diastases, soit par l'acide sulfurique étendu. Nous avons vu que les sucres en C^{12} ne fermentent qu'après avoir été hydratés et dédoublés en sucres en C^6. Certaines levures, en particulier la levure de bière, secrètent successivement deux diastases: une première, l'invertine qui transforme le saccharose en sucre interverti; puis la diastase qui provoque la fermentation.

Respiration intramoléculaire -

Ce phénomène de fermentation pour se procurer l'énergie nécessaire lorsque l'oxygène manque est d'ailleurs plus général qu'on ne pourrait le croire.

Les cellules des végétaux supérieurs sont capables de produire ce phénomène de résistance à l'asphyxie, connu sous le nom de respiration intra-moléculaire.

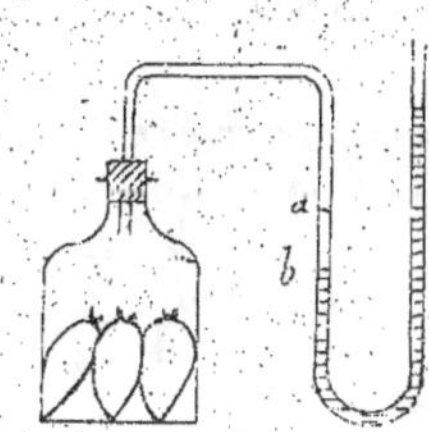

Les betteraves présentent une assez grande résistance à l'asphyxie à cause de la grande proportion de sucre que contiennent leurs tissus. Pour le montrer, on enferme quelques unes de ces racines dans un flacon hermétiquement clos et pourvu d'un manomètre à air libre. Au début, l'oxygène du récipient est peu à peu absorbé par la respiration des tubercules. La pression interne du flacon diminue et le niveau du mercure remonte dans la courte branche du manomètre jusqu'en a. Puis la pression se met à augmenter progressivement et le niveau du mercure redescend jusqu'en b.

L'analyse chimique montre alors que l'atmosphère du flacon est formée uniquement de CO^2 qui s'est dégagé des tubercules, que ces tubercules ont perdu une certaine quantité de leur sucre et qu'ils dégagent en outre une légère odeur d'alcool. Il s'y est produit une fermentation alcoolique comme dans le cas de la levure de bière, et il est vraisemblable qu'elle a été provoquée par la même cause, c'est-à-dire par une diastase secrétée par les cellules mêmes de la betterave et qui a dédoublé le sucre qui se trouvait en sa présence.

Ce phénomène est assez générale. Tous les organes végétaux peuvent produire de l'alcool, même les plus aérobies, comme les feuilles par exemple.

Toutes les matières ne peuvent servir indistinctement à la respiration intra-moléculaire. Il faut des matières capables de donner la fermentation alcoolique.

Nous en avons terminé avec les phénomènes de nutrition des végétaux. Il nous reste, pour clore l'étude des échanges de matière entre la plante et le milieu extérieur, à dire quelques mots des excrétions.

9° Excrétion -
Les réactions chimiques continues qui ont lieu dans le protoplasme vivant des cellules végétales donnent lieu à deux sortes de produits : les uns, utiles, qui peuvent être employés ultérieurement par la plante pour ses fonctions vitales; les autres, inutiles, qui restent emmagasinés sans emploi dans des régions déterminées de la plante ou bien sont expulsés au dehors; ces derniers sont de véritables substances de rebut ou de déchet.

Ces produits, tels que la résine des conifères, qui s'échappent des cellules qui les ont engendrés et vont s'accumuler dans des canaux spéciaux, dans des espaces intercellulaires ou même sortent à la surface de la plante, sont appelés des excrétions.

Les principaux de ces produits sont des substances minérales solides, des gommes, des acides organiques, des huiles essentielles ou essences, le latex et les résines. Nous en avons parlé dans la première partie (chimie) du Cours.

Il nous reste à examiner ici les organes dans lesquels ces substances se rassemblent.

Origine d'une

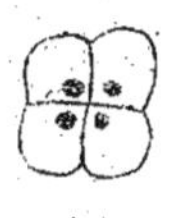
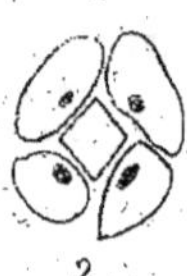
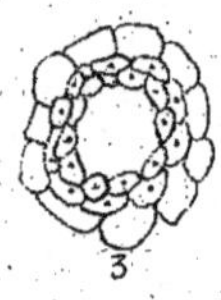

1   2   3

I° Cellules secrétrices :
a) Cellules isolées : Elles sont peu différentes de leurs voisines, comme les cellules à oxalate de chaux du bégonia, les cellules tanifères des crassulacées. Les cellules secrétrices ont des formes particulières chez les poils urticants de la grande ortie dont le suc cellulaire contient de l'acide formique.
Les cellules à cystolithes du figuier présentent un épaississement cellulosique interne qui s'incruste de carbonate de calcium mamelonné.

b) Cellules disposées en file : Des cellules alignées, mais encore indépendantes se rencontrent chez l'Isonandra gutta;

elles contiennent un latex résineux, duquel on tire la gutta-percha.
Chez la grande-Chélidoine, la cloison commune à deux cellules sécrétrices est résorbée, de telle sorte que le latex jaune contenu dans
les files de cellules peut s'en écouler quand on incise un point
quelconque de cette plante. Chez le Pavot, la Campanule, les files
de cellules sécrétrices présentent de nombreuses anastomoses et le
parenchyme secréteur y est représenté par un réseau continu appelé
symplaste.

2° Méats récepteurs des substances sécrétées -
        Dans tous les exemples qui précèdent, la cellule sécré -
trice renferme les produits élaborés; il n'en est pas ainsi dans
les cas qui nous restent à envisager. La cellule rejette, excrète,
l'huile essentielle ou la résine qui produit:

        Soit dans des espaces restreints, entourés de cellules
sécrétrices et appelés <u>poches sécrétrices</u> ou poches d'excrétion;

Soit dans des canaux plus ou moins larges dits <u>canaux sécréteurs</u>,
courant dans toute l'étendue des organes où ils forment un système
continu.

a) <u>Poches sécrétrices</u> -
        Des poches sécrétrices, dont nous venons d'indiquer la cons-
titution et dont la figure de la page précédente représente les différentes phases de la formation, existent chez le houblon, les labiées,
le marronnier, le millepertuis, etc.

b) <u>Canaux sécréteurs</u>-
        Vus en coupe transversale, les canaux sécréteurs présentent
une section circulaire (fig.3 précédente): ils sont bordés d'une ou
plusieurs assises de cellules sécrétrices qui y déversent leur produit d'élaboration.
        Les canaux sécréteurs se constituent comme les poches
sécrétrices. Ce sont en somme des poches sécrétrices très allongées.

        Chez les Conifères par exemple ils s'étendent sans inter-
ruption d'un bout à l'autre de la plante, depuis la racine jusque
dans les feuilles et même dans les fruits. La résine s'écoule lorsqu'on pratique des incisions sur l'écorce de la tige, car les canaux
blessés laissent alors échapper leur contenu au dehors.

<u>Latex</u> -
        Le latex est un liquide de consistance laiteuse que l'on
trouve chez d'assez nombreuses plantes. Les figuiers et certaines
Euphorbiacées (hévéa) produisent un latex blanchâtre qui, par la
dessication et une préparation spéciale, devient le caoutchouc.

        Les petites euphorbes de nos pays possèdent également un
latex blanc qu'elles laissent écouler quand on coupe leur tige.
Il en est de même de plusieurs plantes de la famille des Composées
(pissenlits, scorsonères, laitues). L'opium est retiré du latex du
pavot.

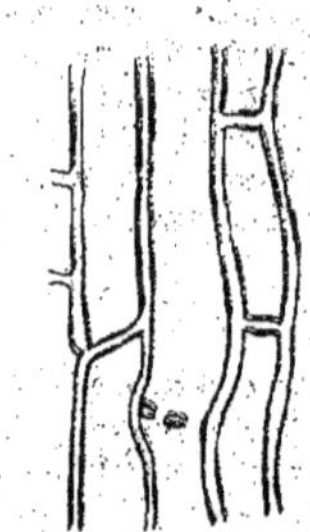

Vaisseau laticifère de
Chélidoine

Tous ces latex sont des émulsions:
ils tiennent en suspension des gouttelettes
microscopiques appartenant à des substances
diverses. Celui des Euphorbiacées renferme des
grains d'amidon, des peptones, du sucre, des
matières grasses, du tanin. De plus, on y trouve des ferments digestifs très actifs: une
lipase (digestion des graisses), une amylase
(digestion de l'amidon) et une présure susceptible de coaguler la caséine du lait.

Contrairement à une idée longtemps
acceptée, le latex ne serait pas un produit
d'excrétion, mais bien une réserve nutritive:
la composition est celle des matières généralement mises en réserve par les plantes, et il
prend naissance dans les feuilles, où les
vaisseaux laticifères sont très nombreux et
en rapport avec le tissu chlorophyllien.
Les vaisseaux laticifères auraient pour fonction de transporter
dans les diverses parties de la plante les matières de réserve puisées dans les feuilles et accumulées par eux dans les vaisseaux.

Les cellules où se forme le latex présentent trois dispositions différentes :

1° Chez les Euphorbes, le latex se forme dans de longs tubes
cylindriques, très étroits et très ramifiés. Ils s'étendent d'un
bout à l'autre de la plante, sans jamais présenter de cloisons
transversales. Ils sont en somme constitués par une très grande
cellule, encore vivante, puisqu'elle est plurinucléée, et dont le
latex serait le suc cellulaire. Ces tubes laticifères se rencontrent
chez les Euphorbiacées (hévéa, euphorbe), les Urticées (figuier,
mûrier), les Apocynées (laurier-rose) et les Asclépiadées.

2° Chez d'autres plantes (chélidoine, grande-éclaire), le latex
se forme dans des canaux constitués de longues cellules placées
bout à bout et possédant des cloisons transversales percées de trous.

3° Chez d'autres plantes enfin (Composées), le latex se forme
encore dans des tubes formés de files de cellules, mais celles-ci
ont perdu entièrement leurs cloisons transversales, se sont anasto-
mosées les unes avec les autres et forment une sorte de réseau ou
symplaste.

10° _Dégénérescence et résorption partielles._-

En dehors de la dégénérescence et de la mort de la plante
proprement dite considérée dans son ensemble, des parties du végétal
peuvent, comme le cœur du bois, subsister sans s'altérer davantage
et servir par exemple d'appareil de soutien, grâce aux substances
antiseptiques dont ils s'imprègnent (tanin pour le chêne, résine pour
le pin).

leur substance peut au contraire se résorber, être assimilée par les autres cellules et l'on peut obtenir des arbres creux, à cœur complètement détruit (saule, peuplier), lesquels continuent à vivre, car c'est par l'aubier que la sève circule.

S'il s'agit, et c'est le cas le plus fréquent, de tissus situés à la périphérie du végétal, ces tissus meurent et se détachent du végétal, tombent, d'après le mécanisme suivant (c'est la <u>desquamation</u>) :

On a vu dans le Cours de Botanique que la racine et la tige s'accroissent en largeur grâce au fonctionnement de deux assises génératrices: une assise interne et une assise externe. La couche génératrice externe est située dans l'épaisseur de l'écorce et forme des tissus nouveaux vers l'intérieur et vers l'extérieur. Ces tissus sont destinés à réparer l'écorce crevassée par suite de l'accroissement de diamètre du cylindre central.

En effet, l'accroissement dû à la formation du bois et du liber secondaire fait souvent éclater l'épiderme devenu trop étroit. C'est alors que la couche génératrice externe va donner, en dehors, du liège et, en dedans, de l'écorce secondaire ou <u>phelloderme</u>

Toutes les parties situées en dehors de la couche imperméable du liège ne reçoivent plus de nourriture et meurent. Ces tissus morts se déchirent et s'exfolient.

<u>Chute des feuilles</u> –

C'est par un mécanisme analogue que se produit la chute des feuilles. Chez beaucoup de plantes (houx, lierre, fusain, sapin), les feuilles vivent plusieurs années et sont qualifiées de feuilles persistantes.

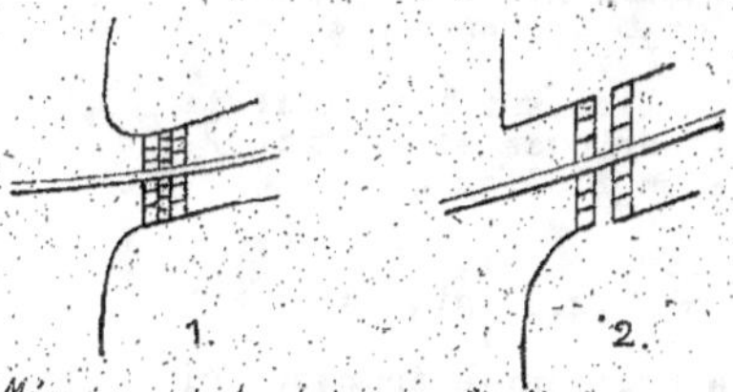

Chez les autres plantes, elles achèvent leur évolution à l'automne de la première année et sont qualifiées de feuilles caduques; elles s'inclinent de plus en plus à l'approche du froid et se détachent. Leur mort est annoncée par la destruction de la chlorophylle et l'apparition d'une nouvelle matière colorante jaune ou brune.

La feuille se détache elle-même de son rameau par le mécanisme suivant :

Mécanisme de la chute des feuilles

Il apparaît à la base du pétiole une assise de cellules génératrices qui s'étend transversalement dans toute l'épaisseur de ce pétiole, en respectant seulement les vaisseaux et le sclérenchyme. Cette assise engendre sur les deux faces une petite couche de liège, après quoi elle se détruit. Dès lors la feuille ne reste plus attachée au rameau que par les faisceaux libéro-ligneux de son pétiole.

Il suffit alors d'un coup de vent pour les briser et faire tomber la feuille. La cicatrice que celle-ci laisse à la surface du rameau se trouve ainsi recouverte dès le début d'une couche de liège imperméable qui s'oppose à la déperdition de la sève.

D'ailleurs, à la longue, le petit mamelon saillant laissé à la surface du rameau par le pétiole se détache à son tour grâce à une nouvelle assise de liège qui se forme en sa profondeur et qui se trouve au même niveau que le liège du rameau.

Fin de la IIème Partie.

Sujets de devoirs sur la 2ème partie.

IV) -L'assimilation chlorophyllienne :
    a) Rôle de la chlorophylle.
    b) Produits résultant de l'assimilation chlorophyllienne.
    Hypothèses sur la synthèse des substances ternaires et quaternaires.

V) -Le carbone non atmosphérique et son utilisation par les plantes:
    a) Humus. Utilisation du carbone organique par les plantes vertes.
    b) Nutrition carbonée des plantes sans chlorophylle.

VI) -Cycle de l'azote dans la nature.
    a) Cycle normal. Nitrification.
    b) Azote atmosphérique. Nodosités des légumineuses.

VII)-Les aliments des végétaux
    a) Généralités sur les aliments atmosphériques et organiques.
    b) Aliments minéraux.

VIII)-Circulation chez les végétaux.
    a) Mécanisme physique.
    b) Causes physiologiques.

IX) -Circulation chez les végétaux.
    a) Sèves brute et élaborée; bois, liber.
    b) Comparaison avec la circulation chez les animaux.

X) -Réserves
    a) Nature chimique et localisation.
    b) Rôle (germination de la graine).

XI) - Diastases
    a) Définition, propriétés, rôle.
    b) Utilité: digestion des réserves, fermentations, préparation de ces fermentations.

Cours de physiologie végétale

<u>IIème Leçon</u> –

III – <u>Echanges d'énergie entre la plante et le milieu extérieur</u> –

<u>Sources d'énergie</u> –

Nous avons jusqu'à présent les échanges de matièreentre la plante et le milieu extérieur (phénomènes de nutrition et d'excrétion). Mais il se produit aussi des échanges d'énergie. Ce sont ces phénomènes, moins bien connus que les précédents que nous allons étudier à présent, en commençant par voir quelles sont les sources de l'énergie utilisée par les plantes.

En définitive la source primordial de cette énergie est la <u>lumière solaire</u>. La plante verte possède de la chlorophylle capable d'absorber, en présence de tout corps incandescent, une partie des <u>radiations</u> qui lui parviennent: c'est là, pour la plante verte, une source précieuse d'énergie consacrée à la transformation des matériaux saturés et généralement inoxydables dont elle se nourrit (CO_2, H_2O, sels minéraux) en substances organiques oxydables (sucre, amidon, graisses, albuminoïdes). Ces substances, mises en réserve, employées à l'édification de nouveaux tissus ou à la réfection des anciens, constituent elles-mêmes une source d'<u>énergie potentielle</u> dont profite la plante à tout instant.

La plante, comme l'animal, absorbe de l'oxygène et dégage du gaz carbonique ayant pour origine la <u>combustion</u> de ses réserves. L'<u>énergie chimique</u> disponible qui résulte de ces oxydations est consommée sous forme de <u>chaleur</u> rayonnée ou de travail intérieur.

L'être vivant a donc besoin d'énergie propre à entretenir son activité. La source de cette énergie se trouve dans les <u>oxydations</u> des matières organiques et aussi dans leur <u>hydratation</u>, dans les <u>dédoublements</u> exothermiques qu'elles subissent, etc.

Nous avons vu dans les chapitres précédents, et notamment en étudiant les fermentations, comment les végétaux dépourvus de chlorophylle se procurent l'énergie qui leur est nécessaire.

<u>Production de chaleur par les plantes</u>.

Les plantes ne se contentent pas de puiser de l'énergie dans le milieu extérieur. Elles en dégagent également, et notamment sous forme de chaleur, lors de l'accomplissement de leurs phénomènes vitaux.

Les réactions chimiques qui se passent dans les tissus végétaux consistent principalement en oxydations (formation de CO_2) ou en réductions, en dédoublements (dédoublement du saccharose en glucose et lévulose, dédoublement des corps gras), ou enfin hydratations(transformation de l'amidon en sucre) et en déshydratations. Chacune de ces réactions, prise isolément, est exothermique ou endothermique, et leur résultat est soit un dégagement, soit une absorption de chaleur.

En général, le dégagement de chaleur chez les végétaux est toujours assez faible; il n'est sensible que dans quelques tissus qui, à une certaine période de leur évoluation, sont le siège d'une vitalité plus intense qu'à l'habitude, vitalité qui tient à des oxydations plus énergiques.

C'est ainsi que l'intensité respiratoire atteint son maximum pendant la germination et pendant la floraison et les oxydations actives qui ont lieu à ce moment se traduisent toujours par un notable dégagement de chaleur.

C'est à peu près les seuls cas dans lesquels on ait constaté et mesuré une élévation de température chez les végétaux.

Pendant la germination, $\frac{CO_2}{O}$ tombe jusqu'à 3/10 (lin) et la quantité d'oxygène qui n'est pas employée à faire du CO_2 est utilisée pour les oxydations internes telles que la combustion de l'hydrogène des corps gras, la synthèse de l'amidon ou des sucres aux dépens des corps gras ou des matières albuminoïdes, etc. En d'autres termes la graine oxyde, hydrate ou dédouble ses réserves pour les rendre assimilables.

Méthodes de mesure -

Pour faire la mesure de la chaleur dégagée par les graines en germination, on dispose sur deux flacons, deux entonnoirs remplis d'une même quantité de graines humectées d'eau. L'un des lots a été privé de sa faculté germinative par l'action du chloroforme ou par une ébullition préalable. Celles du second lot ne tardent pas à entrer en germination grâce à l'eau qui les imprègne.

Or, si on laisse un thermomètre plongé dans chacun des deux entonnoirs, on trouve que la température des graines qui germent est toujours supérieure de quelques degrés à celle des graines qui ne germent pas. L'excès atteint même 10 à 12° dans le blé.

On peut encore opérer avec un thermomètre différentiel de Leslie, dont l'une des boules plonge dans les graines vivantes, l'autre dans les graines mortes.

De l'orge mise en tas et en train de germer, peut élever sa température jusqu'à 60°, s'il s'y développe en même temps une moisissure, l'aspergille, dont l'intensité respiratoire s'ajoute dans ces conditions à celle des graines.

Les tubercules de pomme de terre, de topinambour, etc, possèdent dans leur masse interne une température qui excède toujours de 1° environ celle du milieu extérieur, même quand ils sont maintenus au froid et dans la période de vie latente.

L'augmentation de température a été observée chez un certain nombre de fleurs notamment chez les palmiers, les cycas, les arum, etc.. Ainsi chez les palmiers, les inflorescences, toujours volumineuses, sont assez serrées pour qu'il soit possible d'y introduire un thermomètre. Dans certaines espèces on a trouvé un excès de 10° degrés sur la température ambiante. Le même excès a été constaté chez des fleurs d'arum, qui possèdent chacune une grande bractée en forme d'entonnoir se prêtant bien au dépôt d'un thermomètre.

Dans presque tous les cas le dégagement de chaleur est nul pendant la nuit et augmente le matin pour atteindre un maximum dans la journée, maximum qui coïncide avec le moment où la fleur dégage le plus de parfum.

Il y a lieu de remarquer que si le dégagement de chaleur n'est sensible et mesurable que dans certains organes ou à une certaine période d'évolution de la plante, il y a cependant formation continue de chaleur dans les tissus végétaux, par suite de la formation constante de CO_2. Seulement beaucoup de réactions internes se font avec absorption de chaleur, et l'étude de la chlorophylle nous a montré que le rôle de cette matière colorante consistait à puiser à l'extérieur l'énergie dont la plante a besoin pour ses réactions endothermiques. Mais une partie de cette énergie a aussi sa source dans la chaleur engendrée par la plante elle-même.

C'est ce que l'on peut établir par l'expérience suivante : Mesurons la quantité de CO_2 dégagée par des fleurs pendant un temps donné et calculons la chaleur de formation Q de cette quantité CO_2. Puis, mesurons, avec le calorimètre, la quantité q de la chaleur dégagée par ces mêmes fleurs.

On trouve toujours $q < Q$. Donc une partie de la chaleur provenant de la formation de CO_2 ne se dégage pas et est utilisée dès l'état naissant pour la synthèse des composés endothermiques; la plante constitue en effet ses graines à ce moment et il faut en conclure que les réserves qu'elle y accumule se font avec absorption de chaleur, bien qu'elle se trouve à une période de maximum d'intensité respiratoire.

De tels résultats ne se montrent pas à toutes les périodes de la vie de la plante; ils sont inverses au moment de la germination, qui est encore la période où la plante atteint son maximum de température. Cette fois, en faisant les mesures par le procédé indiqué plus haut pour les fleurs, on trouve que la chaleur de formation du CO_2 rejeté par la respiration est plus petite que la quantité de chaleur totale émise par la plante pendant le même temps. C'est que pendant cette période qui est encore celle d'un maximum d'intensité respiratoire, la plante dégage la chaleur provenant non seulement de la formation de CO_2, mais encore celle qui est due aux oxydations et aux hydratations que subissent les réserves de la graine pour devenir assimilables par les tissus de l'embryon.

Les plantes ne produisent pas que de la chaleur, mais aussi parfois, de la lumière et de l'électricité, et leur énergie se manifeste encore par les mouvements qu'elles effectuent.

Production de lumière et d'électricité -
Les phénomènes de production , ou, plus exactement, de réflexion de la lumière s'observent particulièrement dans la zone tropicale. Dans les autres régions, les végétaux verts recherchent au contraire tous la lumière, indispensable à la vie.
Ici, et en particulier dans les jungles de l'Inde, où la végétation est moins compacte que dans la forêt vierge, le feuillage est exposé à une lumière trop crue; une transpiration d'excessive intensité, conséquence de cette insolation, déterminerait la dessication et la mort des feuilles. Celles-ci acquièrent alors une cuticule épidermique fort épaisse, un enduit cireux brillant, capable de réfléchir une grande partie de la lumière incidente; les stomates s'y ouvrent au fond des cryptes dont l'orifice est garni de poils.

Le feuillage présente en somme le caractère différentiel suivant dans les pays tempérés et dans la zone équatoriale; il absorbe une grande quantité de lumière dans les régions tempérées; il en réfléchit une énorme proportion dans les pays tropicaux.

D'autre part, les végétaux possèdent comme les animaux une certaine quantité d'électricité potentielle. Une partie de cette électricité peut s'échapper par les pointes: sommet des arbres, branches, etc.

Mouvements chez les végétaux -
Les végétaux, fixés au sol, semblent à priori ne pas être doués de mouvement. Sans doute ils ne se déplacent pas à la manière des animaux, mais beaucoup de leurs parties (feuilles, etc.) sont douées de mouvement dans des conditions que nous allons étudier. Certains organes de reproduction (gamètes mâles) sont même doués de mouvements

comparables à ceux des animaux. Nous savons qu'il en est de même pour les bactéries.

Comme nous aurons l'occasion de le préciser dans la suite de cette leçon, tous les mouvements végétaux sont la conséquence des phénomènes d'irritation les plus variés.

<u>Mouvements dus à l'imbibition.</u>
La différence dans l'état d'imbibition des tissus provoque une première série de mouvements, particulièrement utiles pour la reproduction des végétaux; les mouvements de déhiscence des anthères et des fruits, que nous allons examiner successivement.

<u>Déhiscence des anthères.</u>
On voit dans le Cours de Botanique que les cellules reproductrices mâles (grains de pollen) sont contenus dans cette partie de l'étamine dénommée anthère. Pour pouvoir effectuer la fécondation, il faut qu'ils soient mis en liberté par l'ouverture (ou déhiscence) de l'anthère. Il existe trois modes de déhiscence:

I° La déhiscence est <u>poricide</u> lorsque chaque loge s'ouvre par un petit orifice placé à son sommet (bruyère, pomme de terre). L'ouverture résulte, là, de la destruction d'un certain nombre de cellules de la paroi.

2° La déhiscence est <u>valvicide</u> lorsque chaque moitié d'anthère s'ouvre latéralement par un petit couvercle qui se soulève vers le haut, tout en restant attaché par sa base (épine-vinette).

3° La déhiscence est <u>longitudinale</u> lorsque chaque moitié d'anthère s'ouvre de haut en bas par une fente longitudinale. Chaque moitié présente un sillon longitudinal très visible à la surface de l'étamine. C'est tout le long de ce sillon que se fait la déchirure, laquelle est occasionnée par la <u>dessication</u> de l'assise mécanique.

Les parois externes des cellules de cette assise sont en effet beaucoup plus minces que les parois internes lesquelles présentent des bandes lignifiées. Aussi, sous l'action du soleil, cette face se dessèche beaucoup plus que l'autre et, de convexe qu'elle était tout d'abord, elle tend à devenir concave et plus courte. Cette dessication inégale provoque une déchirure le long du sillon.

L'assise mécanique constitue alors deux espèces de lèvres qui se contournent d'autant plus en dehors qu'il fait plus chaud et plus sec. Les grains de pollen peuvent ensuite s'échapper librement.

<u>Déhiscence des fruits.</u>
Il y a deux grandes catégories de fruits secs: les akènes qui ne s'ouvrent pas d'eux-mêmes à maturité pour laisser sortir leurs graines, et les <u>capsules</u> qui s'ouvrent.

On distingue trois sortes de déhiscence pour les capsules: la déhiscence poricide, la déhiscence valvicide et la déhiscence longitudinale. Ces trois modes correspondent aux trois signalés plus haut pour les anthères.

Dans la déhiscence longitudinale, les fentes peuvent occuper trois positions différentes, d'où trois variétés de déhiscences longitudinales: septicide, loculicide et septifrage.

a) La déhiscence septicide ou ventrale se fait en deux temps: les différentes loges du fruit se séparent d'abord les unes des autres en dédoublant leurs cloisons

latérales, puis elles se fendent chacune selon la ligne de suture des bords capillaires (voir le Cours de Botanique).(Ex: tabac, colchique, pivoine).

b) La déhiscence loculicide ou dorsale est caractérisée par une fente le long de la nervure médiane des carpelles (violette, tulipe, marronnier d'Inde). La gousse des légumineuses (haricot, pois) est à la fois un cas de déhiscence loculicide par sa fente le long de la nervure médiane, et un cas de déhiscence septicide par sa fente le long de la ligne de suture.

c) La déhiscence est septifrage lorsque les fentes ne se produisent ni le long de la ligne de suture, ni le long de la nervure médiane, mais de chaque côté de cette dernière et à peu de distance des placentas, ce qui fait deux fois plus de fentes que de carpelles. (Ex: crucifères, certaines orchidées).

Mécanisme de la déhiscence des capsules.

La capsule est entourée d'une triple paroi: l'épiderme externe, le parenchyme et l'épiderme interne . La partie interne du parenchyme se transforme en fibres lignifiées dont les faisceaux s'étendent transversalement de la nervure dorsale aux nervures marginales, lesquelles ont une direction longitudinale.

D'autre part, le long des lignes de déhiscence, les tissus ne sont que très faiblement lignifiés et présentent, par suite, une résistance très légère.

Lorsque les capsules sont exposées au soleil, les fibres transversales se dessèchent et se contractent beaucoup plus que les nervures. Il se détermine ainsi des tractions qui amènent la déchirure des parois le long des lignes de déhiscence, là où se trouvent des bandes de cellules non lignifiées, qui cèdent facilement sous l'effet des tractions latérales.

Mouvements protoplasmiques.

Le protoplasme végétal est doué d'une motilité propre, bien qu'on dise couramment que l'absence du mouvement distingue les végétaux des animaux.

Mais cette motilité ne peut généralement se manifester qu'à l'intérieur de la cellule, car cette dernière est entourée d'une membrane rigide cellulosique.

Mais on l'observe facilement chez les végétaux inférieurs (nous avons déjà vu que les Bactéries se déplacent à des vitesses que l'on peut, comparativement à leur taille, considérer comme très grandes) tels que les Myxomycètes, champignons gélatineux, dépourvus de membrane cellulosique.

Au microscope on voit le champignon pousser constamment de nouveaux prolongements protoplasmiques dans un certain sens, tandis que les plus anciens se rétractent
absolument comme le font les amibes. Il se produit une sorte de reptation du protoplasme sur son support. D'où le nom de mouvements amiboïdes donnés aux mouvements que
nous venons d'examiner.

D'autre part, toutes les fois que les cellules végétales
ont besoin de se déplacer dans l'eau, et c'est par exemple le
cas des cellules reproductrices (zoospores, anthérozoïdes),
elles ont leur surface molle, nue, et également dépourvue de
membrane cellulosique. Elles portent en outre un certain nombre
de prolongements protoplasmiques très fins (cils vibratiles,
d'où le nom de ciliaires donnés à ces mouvements).
Ces cils vibratiles, en s'agitant dans l'eau à la manière
de rames, amènent le déplacement des cellules.

Mais nous avons vu que dans l'immense majorité des cas,
le protoplasme est entouré d'une membrane rigide cellulosique
laquelle rend sa forme extérieure invariable pendant un temps
indéterminé. Mais à l'intérieur de la cellule, le protoplasme
possède une motilité propre.

Anthérozoïde

Ces mouvements protoplasmiques intracellulaires sont particulièrement observables dans les feuilles d'une plante aquatique très répandue, l'élodéa . Ces feuilles
ne présentent que deux assises superposées de cellules, facilement observables, au microscope. On voit aisément les chromoleucites se déplacer très lentement en suivant
des "traînées protoplasmiques" .

---

12 ème Leçon -

Nous allons terminer l'étude des échanges d'énergie entre la
plante et le milieu extérieur, en examinant divers mouvements des végétaux, provoqués
pour la plupart par des causes extérieures.

Actions directrices s'exerçant sur les organismes mobiles.

Il existe dans les cellules végétales des organismes mobiles (voir plus haut)
chromosomes, leucites, etc. Ces organismes semblent occuper dans une cellule, ou dans
des cellules voisines des positions variables suivant l'intensité plus ou moins grande
d'un certain nombre d'actions extérieures. Cette position peut varier avec l'éclairement (phototaxie), la température (thermotaxie), etc.

Faisons remarquer en passant que le suffixe "taxie" sert à désigner ces actions qui provoquent des mouvements dans les cellules végétales, tandis que le terme
"tropisme" désignera les actions faisant déplacer des "membres" végétaux: racines,
tiges, feuilles...

Nous allons donner un exemple des actions directrices s'exerçant sur les
organismes mobiles en étudiant les positions diverses occupées par les chloroleucites
suivant la quantité de lumière incidente.

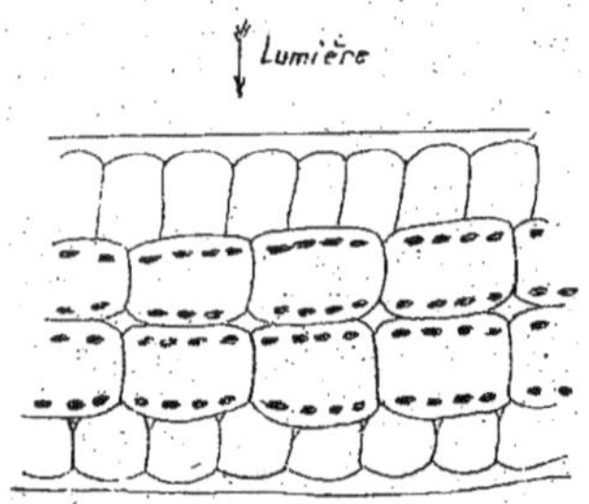

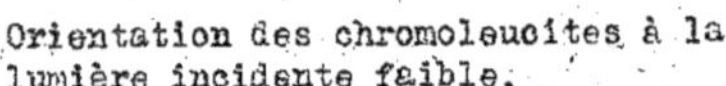

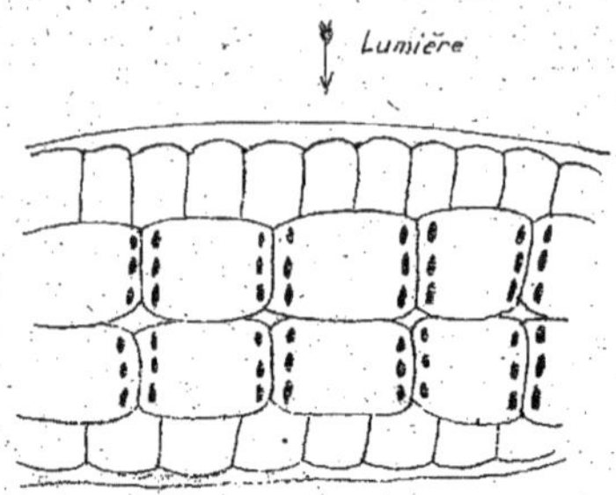

Orientation des chromoleucites à la
lumière incidente faible.

Orientation des chrmoleucites à la
lumière incidente forte.

Ce phénomène est particulièrement remarquable chez la lentille d'eau: si
cette plante est soumise à un faible éclairement, les chloroleucites se rangent le long
des deux faces de la cellule perpendiculaire à l'incidence de la lumière de la lumière
de manière à retenir le plus de radiations possible.   Si la lumière devient trop intense, les chloroleucites se rangent les uns derrière les autres, le long des parois
latérales et parallèlement à l'incidence des rayons   , de telle sorte que les chloroleucites supérieurs préservent les inférieurs contre l'excès de radiation qui leur serait nuisible.

Ce phototactisme des chloroleucites est une conséquence de l'irritabilité
du protoplasme; le protoplasme présente un maximum d'irritabilité pour une intensité
lumineuse particulière. Le fait a été observé chez beaucoup de rhizopodes, d'infusoi-
res, de myxomycètes et d'algues.

Mouvements dûs à la turgescence.
La turgescence, dont nous avons parlé dans un chapitre précédent, provoque,
par ses modifications, une catégorie assez importante de mouvements chez les végétaux:
les mouvements des feuilles.

On peut considérer trois catégories de mouvements des feuilles:
1° les mouvements provoqués par les variations d'éclairement appelés mouvements
de veille et de sommeil, ou mouvements nyctitropiques; 2° les mouvements déterminés
par le contact à n'importe quel moment de la journée (mouvements provoqués); 3° les
mouvements se faisant spontanément sans cause externe apparente (mouvements périodiques
naturels ou mouvements spontanés).

Mouvements nyctitropiques –
Ces mouvements sont particulièrement remarquables dans la famille des légumineuses. Pendant le jour, les feuilles composées de ces plantes sont étalées
horizontalement, leur limbe recevant normalement les rayons lumineux (position de
veille). Le soir, elles s'inclinent et se rabattent les unes sur les autres, en dimi-
nuant considérablement la face exposée au rayonnement (position de sommeil).

Chez le trèfle et la luzerne, par exemple, ce sont les faces supérieures
des folioles qui se mettent en contact. Chez le haricot, l'oxalis, les folioles s'abais-
sent et mettent en contact leurs faces inférieures très riches en stomates.

Ces changements de position diminuent la surface exposée à l'air et ainsi la plante paraît être protégée contre une transpiration exagérée, laquelle refroidirait trop les jeunes feuilles.

La sensitive fournit un exemple remarquable et facile à examiner des mouvements nyctitropiques.

On admet généralement que la cause de ces mouvements est la suivante: il existe à la base de tout pétiole et de tout foliole qui se déplace un petit renflement cellulaire, appelé <u>renflement moteur</u>.

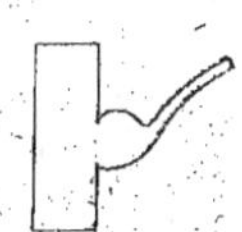

Renflement moteur

Les cellules des renflements moteurs sont très riches en chlorophylle et creusées de grands méats. Chez la sensitive par exemple, celles de la partie supérieure possèdent des parois épaisses et peu extensibles, tandis que celles qui forment la partie inférieure du renflement ont des parois cellulosiques, très minces, et par conséquent très extensibles.

Au soir, la transpiration, qui s'est effectuée pendant toute la journée, et qui se produit encore avec une certaine intensité, prive la feuille et par conséquent le pétiole d'une d'une notable quantité d'eau. La partie inférieure du renflement moteur, ainsi appauvrie en eau, devient flasque et laisse retomber le pétiole le long de la tige. Le même phénomène se produit pour les pétioles secondaires.

Mais, pendant la nuit, la transpiration est à peu près nulle; l'eau, par suite du mouvement ascensionnel, s'accumule dans la feuille et notamment dans le renflement moteur. Ce dernier, toujours chez la sensitive, se gonfle surtout à sa face inférieure là où il est constitué par de grandes cellules à parois minces et extensibles, et repousse ainsi le pétiole vers le haut. Ce mouvement se continue régulièrement jusqu'au matin.

Au matin, le gonflement ou la <u>turgescence</u> du renflement moteur commence à diminuer. La transpiration, qui recommence avec le jour, lui enlève de son eau. Le pétiole redescend et reste à peu près horizontal pendant toute la journée.

Cet état stationnaire s'explique par l'arrivée continue d'une nouvelle quantité d'eau absorbée par les racines et qui remplace celle que rejette la transpiration.

Il convient de remarquer que lorsque les folioles s'inclinent vers le bas (haricot, lupin), c'est que le renflement moteur se gonfle surtout à la face supérieure et force ainsi les folioles à s'abaisser.

Les diverses radiations ont une action très inégale sur les mouvements de veille et de sommeil. On peut étudier cette action en plaçant les plantes sous des cloches en verres monochromatiques (comme nous l'avons fait en étudiant l'assimilation chlorophyllienne). Les feuilles prennent très vite leur position de sommeil sous des écrans rouges, moins vite sous des jaunes, très lentement ou même pas du tout sous des verts.

Les rayons les plus réfrangibles (violets ou bleus) se comportent comme la lumière solaire totale et laissent les feuilles dans leur position de veille. Si on maintient une sensitive, p.ex., sous un écran rouge, ses mouvements nyctitropiques sont avancés chaque jour d'une heure environ.

Les mouvements de veille et de sommeil sont abolis quand la température tombe au-dessous de 15° ou monte au-dessus de 40°.

Les anesthésiques font prendre et garder la position de sommeil. Des mouvements nyctitropiques se remarquent aussi chez beaucoup de fleurs: la corolle de la tulipe, du liseron, de la pomme de terre s'étale le jour et se ferme la nuit. Mais ces mouvements ne sont pas toujours dus exclusivement aux variations de la lumière. Chez certaines fleurs ils peuvent être également provoqués par des variations de température. Ainsi une tulipe, p.ex. s'étant fermée à l'obscurité, il est possible de la faire épanouir en augmentant légèrement la température.

Mouvements de contact ou mouvements provoqués.
On désigne sous ce nom des mouvements dus à des excitations mécaniques telle que: chocs, piqûres, courants d'air, etc...

Les plus remarquables s'observent encore chez la sensitive et le drosera.
Les sensitives prennent immédiatement la position de sommeil quand elles reçoivent un choc même léger. En touchant légèrement une seule foliole, elle s'incline vers le haut, suivie successivement par toutes les folioles d'un même pétiole. Le mouvement peut même se communiquer au reste de la même feuille.

Dans ces cas encore, la partie inférieure des renflements moteurs du pétiole principal est flasque comme lorsque la feuille s'incline d'elle-même le soir pour prendre sa position de sommeil. Et, si l'on fait l'ablation de cette partie inférieure du renflement moteur, le pétiole reste immobile dans sa position de sommeil.

— On ignore quelle cause fait transmettre le mouvement d'une partie de la feuille aux autres: on pense qu'il s'agit d'une très grande irritabilité du protoplasme qui, en se contractant, expulserait son eau, rendant ainsi les organes assez flasques pour qu'ils ne puissent pas rester dressés.

Les feuilles de drosera possèdent des renflements terminaux enduits d'une gouttelette brillante et visqueuse qui parait représenter une sorte de suc gastrique à pepsine. Ce liquide possède en effet la propriété de transformer les matières azotées en peptones. Ces renflements terminaux sont à l'extrémité de tentacules qui se rabattent pour emprisonner l'insecte, par exemple, qui s'est posé sur l'un d'eux, et le digérer.

La dionée attrapa-mouches est une plante de l'Amérique du Nord dont les feuilles forment également une petite rosette. Chaque feuille possède un pétiole très élargi terminé par un limbe arrondi et muni surtout son pourtour de longues dents. La face supérieure de ce limbe possède de nombreux petits poils, qui secrètent un liquide acide et pepsinifère comme celui des drosera, et, en plus, six poils fortement saillants, doués d'une grande irritabilité.

Si un insecte frôle ces poils sensibles, les deux moitiés du limbe se replient immédiatement l'une sur l'autre, par leur face supérieure, le long de la nervure médiane, et s'engrènent par les dents de leurs bords. Le liquide des poils glanduleux imprègne le corps de l'insecte, qui peut éprouver un commencement de dissolution. Au bout de quelques instants le limbe s'étale de nouveau.

Mouvements spontanés -
Chez quelques plantes il se produit constamment des mouvements périodiques paraissant indépendants des causes externes, et en particulier de la lumière.

La plus remarquable sous ce rapport est le sainfoin oscillant, plante de l'Inde. La feuille est formée de trois folioles: une impaire relativement grande et deux autres beaucoup plus petites (figure). Chacune possède un renflement moteur à sa base.

Feuille du sainfoin oscillant

La grande foliole terminale reste étalée pendant tout le jour. Le soir elle s'incline vers le bas et prend une position de sommeil qu'elle garde jusqu'au lendemain. Elle est donc influencée par la lumière.

Les deux petites folioles, pendant toute la durée du jour et de la nuit, exécutent un mouvement d'oscillation: l'une montant progressivement pendant que l'autre descend. De plus, la pointe de la foliole se déplace suivant une circonférence, décrivant ainsi un cône dont le sommet correspond à la base de la foliole.

Ces mouvements ne s'accomplissent bien qu'à une certaine température. À 22° les folioles mettent seulement de deux à cinq minutes pour décrire un tour entier.

Il est probable que le mécanisme de ces mouvements est le même que celui des mouvements nyctitropiques, car on observe que le renflement moteur de chacune des folioles est alternativement flasque et gonflé sur ses différentes faces.

Ces mouvements des deux petites folioles se font sans cause externe apparente aussi bien le jour que la nuit, et en cela ils diffèrent des mouvements nyctitropiques qui sont déterminés par des alternances de lumière et d'obscurité.

Mouvements en relation avec la croissance.

Il ne s'agit pas ici de l'étude intime du phénomène de la croissance et des modifications qui s'opèrent alors dans les cellules. Cela est du domaine du Cours de Botanique.

Nous allons examiner ici les mouvements, les modifications de forme subies par différentes parties des végétaux, modifications se réalisant au cours de la croissance, sous l'influence d'actions extérieures.

Nutation -

La croissance intercalaire(due à l'allongement des entre-noeuds successifs) de la tige n'est pas la même suivant toutes les génératrices. La tige ne s'allonge donc pas en conservant la forme conique parfaite qu'elle avait au début.

Le sommet de la tige dévie plus ou moins dans l'espace, où il décrit, autour de l'axe du végétal, une courbe qui, projetée sur un plan horizontal, donne en général une ellipse ou une circonférence. Ce mouvement de circumnutation est d'autant plus ample que la région de croissance de la tige est plus étendue. Le sens de ce mouvement est constant pour un même genre: le chèvrefeuille, la renouée, le houblon tournent dans le sens des aiguilles d'une montre; le liseron tourne en sens inverse.

Chez les plantes volubiles, si le sommet de la tige, en tournant, rencontre un support, il s'y applique.

La nutation de la tige est souvent accompagnée d'une torsion (haricot,

liseron), due à ce que la croissance longitudinale de la tige dure plus longtemps à la
périphérie qu'au centre. Le sens de la torsion est le même que celui de la nutation.

<u>Influence des conditions extérieures.</u>
Des actions extérieures influent particulièrement sur la direction du développement des végétaux. C'est ainsi que se font sentir: l'action de la pesanteur
(géotropisme), de la position relative du soleil, de la direction de la lumière (héliotropisme), de la présence de l'eau (hydrotropisme), de certains éléments chimiques,
vers lesquels se précipitent les bactéries ou se dirige le système radialaire (chimio-
tropisme), etc.

Nous allons examiner quelques unes de ces actions:

<u>Géotropisme</u>:
C'est une propriété commune à tous les végétaux, qui détermine l'orientation
de leur axe dans la direction la plus favorable à leur équilibre et à leur nutrition.

Elle se produit sous l'action de la pesanteur, dont l'influence diffère un
peu suivant qu'il s'agit de la racine principale ou des racines secondaires.
Lors de la germination, la jeune racine, future racine principale, se dirige
verticalement de haut en bas, et cela sans que la présence du sol y joue un rôle quelconque.(La racine ne s'accroîtrait verticalement, de bas en haut, que dans un seul cas,
celui où elle serait placée dans une position rigoureusement verticale, et la pointe
en haut.) Dès que la racine occupe une position différente de la verticale, elle se
courbe dans la région de croissance, de manière à croître désormais verticalement, de
haut en bas.

La <u>racine</u> principale obéit donc à l'action de la pesanteur: elle est douée
de <u>géotropisme positif.</u>

Les radicelles se dirigent obliquement par rapport à la racine principale,
mais suivant un angle constant: elles sont donc encore géotropiques, mais moins que la
racine principale. Les radicelles secondaires s'écartent encore plus.

Comme la racine principale est plus abondamment nourrie que les radicelles,
on conclut que le degré géotropique d'une racine a quelque rapport avec l'intensité de
sa nutrition.

Nous retrouvons les mêmes phénomènes, en sens inverse, pour la tige : la tige
principale se dirige verticalement, de bas en haut, même si on lui a imprimé une dévia-
tion au début. Ainsi, la tige principale est douée d'un fort <u>géotropisme négatif.</u>

Les tiges secondaires s'écartent obliquement: elles ont un géotropisme négatif
d'autant moindre qu'elles sont d'ordre plus élevé: les branches de 4e et 5e ordre ne
sont plus géotropiques du tout; elles adoptent une direction quelconque dans l'espace.

Cette inégalité de géotropisme pour les diverses parties du système tigellai-
re, favorise comme pour le système radiculaire, leur répartition dans l'espace.

Certaines branches sont douées d'un géotropisme positif atténué; elles se
dirigent alors obliquement de haut en bas, dans le sol, pour y produire des rhizomes
ou des tubercules (stachys, circée, renouée, tulipe, etc.,).

Signalons que le pétiole des feuilles est doué de géotropisme négatif,

Héliotropisme - (ou phototropisme).

Les racines souterraines, non exposées à la lumière, sont généralement indifférentes à son action. Quelques unes se courbent cependant du côté d'où vient la plus
faible lumière: elles sont douées d'un phototropisme négatif qui favorise leur pénétra-
tion dans le sol (légumineuses par exemple).

La tige, elle, se courbe du côté d'où vient la lumière (phototropisme positif).
Certaines tiges ont un phototropisme négatif et rampent sur le sol (fraisier), ou
sur les objet le long desquels elles grimpent(lierre).

Le pétiole des feuilles se dirige vers la lumière.

Hydrotropisme -

Les plantes qui vivent au voisinage du bord de l'eau développent leurs racines surtout du côté d'où vient la plus grande humidité. La racine a donc un hydrotropisme positif.

La tige, au contraire, s'allonge davantage sur la face mouillée et se courbe
pour fuir l'humidité; elle a un hydrotropisme négatif.

De nombreuses autres influences extérieures se font sentir, par exemple celle
de la température (thermotropisme). La racine et la tige possèdent un thermotropisme
négatif, c'est-à-dire qu'elles se développent en se courbant du côté où la température
est la plus éloignée de l'optimum (26°5 pour le pois et le lupin; 33°5 pour le maïs;
37° pour le concombre).

Influence du contact -

Certaines plantes ou parties de plantes peuvent se développer d'une façon
spéciale , au contact de supports par exemple. On obtient ainsi les plantes volubiles
et les vrilles.

Comme nous l'avons indiqué plus haut, les plantes volubiles représentent un
cas particulier du phénomène générale circumnutation de la tige. Lorsque le sommet
de la tige d'un plante volubile , en tournant, rencontre un support, il s'y applique et
décrit autour de lui une spire d'abord lâche, puis à tours de plus en plus serrés,
pourvu que le support ait un diamètre inférieur à l'amplitude de la nutation.

Sous l'influence d'une pression, la tige devient concave du côté pressé. La
sensibilité au contact est très grande dans les vrilles, organes résultant de la
différenciation de certaines branches (vigne), de feuilles entières (fumeterre) ou
de parties de feuilles (courge , vesce, etc..)

Une vrille demeure droite tant qu'elle n'a pas atteint plus des trois quarts
de sa longueur définitive. A ce moment, son extrémité effectue des mouvements de nutation très actifs. Si elle rencontre un support par l'un de ses côtés, sa surface de
contact avec le support croit moins que la face opposée; elle s'enroule autour du
support.

La vrille diffère de la tige volubile en ce qu'elle est sensible au contact,
tandis que la tige volubile ne l'est pas.

Irritabilité du protoplasme -

Nous pouvons maintenant, plus facilement, nous rendre compte du fait signalé
au début, à savoir que les mouvements des végétaux sont dus à l'irritabilité de leur

protoplasme, et que parconséquent ils diffèrent moins des animaux qu'on ne l'aurait cru tout d'abord.

Le fait que beaucoup de leurs fonctions sont suspendues par les anesthésiques ne fait que confirmer cette opinion.

Fin de la 3ème Partie -

Sujet de devoir sur la 3ème Partie -

XVI - Faire une comparaison, abstraction faite des phénomènes de la reproduction,
     entre la vie animale et la vie végétale
  (deux
    questions)- a) Fonctions de nutrition.

     - b) Fonctions de relation.

13ème Leçon

IV - Action du milieu sur la forme et la structure des plantes -

Les actions extérieures ne provoquent pas que des mouvements chez les végétaux. Elles ont un rôle plus profond, en faisant apparaître, lorsqu'elles se prolongent, des modifications et différenciations dans la forme et la structure des végétaux.

1° Action du milieu inorganique impondérable.

Nous allons envisager sous ce titre l'action de la lumière, de la chaleur, de la pesanteur, de l'électricité et les actions mécaniques.

Action de la lumière.

L'influence de la lumière n'est pas absolument générale. C'est ainsi que tous les végétaux sans chlorophylle peuvent évoluer sans lumière. Mais là, même, la lumière n'est pas tout à fait sans action: certains champignons par exemple ne donnent leurs sporidies qu'exposés à une lumière intense.

Les plantes à chlorophylle (excepté les plantes hémiparasites) ne peuvent vivre sans les radiations solaires. Nous avons vu comment la chlorophylle les absorbait et les utilisait.

Nous avons vu également l'influence du phototropisme sur la forme et la direction des tiges et des racines.

Placée dans une demi-obscurité, la plante pousse fortement en hauteur, elle s'étiole, tandis qu'en pleine lumière elle reste courte, mais développe ses cotylédons et possède beaucoup plus de tissus de résistance (sclérenchyme).

Certaines plantes des sables ont une partie aérienne très exposée au soleil et qui reste courte, tandis que leur racines, restant à l'obscurité, s'allongent et deviennent traçantes. C'est le cas du carex, de certains bouleaux.

On a cherché à étudier l'action des différentes radiations sur la croissance des végétaux, soit en plaçant ces derniers sous des verres colorés, soit sous une cloche à double paroi contenant un liquide qui retient certaines radiations (comme nous l'avons fait pour la chlorophylle).

On a constaté qu'en dehors de la lumière blanche, c'est la lumière rouge qui favorise le plus la croissance des végétaux.

La lumière n'influe pas que sur la forme et la croissance des végétaux, elle agit aussi sur leur structure intime. A ce point de vue, elle agit surtout sur les feuilles. La lumière augmente la différenciation du tissu en palissade, ainsi que le développement du système vasculaire, et en particulier celui du tissu ligneux. Ce développement est d'ailleurs beaucoup plus important lorsqu'il y a alternance de lumière et d'obscurité (jour , nuit) que lorsqu'on soumet la plante à l'action d'une lumière continue (électrique par exemple). Dans ce dernier cas il se produit des phénomènes semblables à ceux résultant du séjour de la plante dans un état de demi-obscurité, et que l'on désigne sous le nom d'étiolement vert.

Sur les tiges et sur les racines, la lumière produit des changements de même nature; lesquels se retrouvent en sens inverse dans les portions de végétaux qui so... à l'obscurité, telles que les portions souterraines. Dans ces dernières, il y a un moindre développement du sclérenchyme et un plus grand développement du parenchyme cortical.

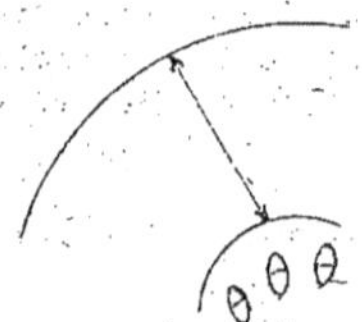

Tige souterraine de sanicle   Tige aérienne de sanicle.

L'obscurité favorise la tubérisation des plantes.

La lumière exerce également une influence très nette sur les appareils floraux. C'est ainsi que si l'on fait développer des labiées dans un endroit éclairé, puis dans des endroits de plus en plus obscurs, on observe une réduction de plus en plus accentuée des appareils floraux.

Pour certains éclairements on obtient des plantes sans appareil floral, mais dont l'appareil végétatif se développe par endroits en bulbilles, lesquels correspondent à des tubercules.

Dans les bois, à l'obscurité, certaines plantes humicoles (certaines violettes par exemple) ont des fleurs qui restent entièrement fermées, au bout d'un pied allongé (On appelle ces fleurs, des fleurs cleistogames). Il se produit dans ces fleurs le phénomène d'autofécondation dont nous parlerons plus tard et on obtient tout de même une graine qui arrive à maturité.

La lumière influe sur la coloration et l'éclat des fleurs. C'est ainsi que les plantes des montagne , exposées à une lumière vive, possèdent un plus grand éclat.

La lumière agit également sur les fruits. Elle favorise l'action des diastases et les transformations chimiques nombreuses se produisant au moment de la maturation, particulièrement dans les fruits charnus. A ce point de vue, l'action de la lumière diffuse est meilleure que celle de la lumière trop vive: d'où la pratique de l'ensachage des fruits.

Il y a lieu de remarquer d'autre part que toutes les espèces n'ont pas la même sensibilité pour une même intensité lumineuse. A ce point de vue, on distingue les plantes d'ombre et les plantes de lumière (les deux catégories étant ici distinguées parmi des végétaux tous pourvus de chlorophylle).

Lubimenho a recherché l'intensité lumineuse nécessaire pour que commence à s'exercer la fonction chlorophyllienne. Ses observations ont porté :

1° Sur des plantes de lumière (ombrophobes: pin, bouleau);

2° Sur des plantes d'ombre (ombrophiles: sapin, tilleul).

Il a constaté que l'appareil chlorophyllien des essences d'ombre est cinq fois plus sensible à la lumière que celui des essences de lumière. Pour une lumière diffuse d'égale intensité, la plante d'ombre assimile beaucoup plus que la plante de lumière.

On a ainsi fait une classification des plantes, et particulièrement des arbres, au point de vue de leur exigence en lumière, classification dont il est bon de tenir le plus grand compte lorsque l'on effectue des coupes dans les forêts.

Ces phénomènes ont leur répercussion dans la structure intime de la plante: les chloroleucites des plantes de lumière sont plus petits que les chloroleucites des plantes d'ombre.

Lorsque certaines plantes d'ombre sont exposées à la lumière, elles réagissent par la constitution de pigments qui s'accumulent en certains points de leur surface. Un exemple de ces pigments est fourni par l'anthocyane, pigment rouge qui s'accumule dans l'épiderme des feuilles pour servir d'écran: on le rencontre par exemple chez le hêtre pourpre.

Action de la chaleur -

Toutes les fonctions de la plante (transpiration, respiration, assimilation chlorophyllienne, nutrition, fécondation) sont sous l'influence de la température.

La croissance dépend de la température dans une large mesure. Une même plante placée par ailleurs dans toutes les mêmes conditions, croît à des vitesses différentes suivant la température à laquelle elle est soumise.

On a observé par exemple, les longueurs de croissance suivantes, en vingt quatre heures, pour la racine de pois et la racine de blé, aux températures ci-dessous indiquées:

Racine de pois	Racine de blé	Température
5 mm	4 mm	14°
5 mm 3	7 mm	17°
53 mm 9	86 mm	26°6
38 mm 4	104 mm	30°
23 mm	40 mm	33°
8 mm	5 mm	36°

Pour chaque plante, il y a, pour la croissance, un optimum θ de température. Il y a aussi une température minima t au-dessous de laquelle aucun développement ne se produit et une température maxima T au-dessus de laquelle aucun développement ne se produit.

On peut donc tracer pour chaque plante, la courbe des accroissements ci-contre.

Au voisinage des extrêmes t et T, la plante peut se développer d'une façon spéciale. C'est ainsi que les cellules des champignons se transforment en spores. Le blé dans certaines régions du Mexique où la température est toujours supérieure à 19°, se développe en végétation herbacée, donnant toujours un appareil végétatif, jamais d'épi.

Cette influence de la température sur la croissance nous explique les phénomènes de thermotropisme dont nous avons parlé dans le chapitre précédent. Du côté de la racine où la température se rapproche le plus de θ , les tissus se développent davantage, repoussant ainsi la racine dans l'autre direction et provoquant la courbure indiquée ci-dessous.

L'influence de la température se manifeste encore dans les différences de développement remarquées sur une même espèce, suivant qu'elle végète en plaine ou en montagne. De nombreuses expériences furent faites à ce sujet par M.Bonnier.

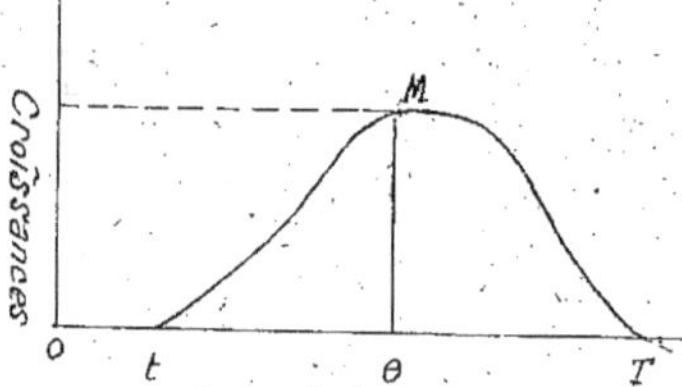

Températures

Le topinambour, en plaine, a des tiges qui atteignent Im,50 à I m,80. Tandis qu'en montagne, les entre-noeuds sont très rapprochés, et on obtient une plante en rosette, très courtes, à feuilles charnues.

En général, dans les pays froids, le système radiculaire des plantes est beaucoup plus développé, et très souvent il s'accumule beaucoup de réserves dans les racines. De plus, la durée annuelle de la période de végétation étant courte, la plante, souvent, n'arrive pas à fleurir; elle n'épuise pas ses réserves, lesquelles restent dans la racine et seront utilisées l'année suivante: une plante annuelle devient bi-sannuelle, et peut même devenir vivace.

Certaines graminées, certaines gentianes deviennent normalement bisannuelles en montagne.

Dans les pays chauds, tropicaux, la végétation se poursuit toute l'année: la plante augmente l'importance de ses tissus lignifiés, s'allonge, et on obtient une végétation arborescente. (Il y a lieu de signaler, d'ailleurs, que l'influence de l'humidité est également assez grande dans ce dernier cas).

Relativement à l'influence qui s'exerce sur le développement de la plante, il y a lieu de considérer non seulement la valeur absolue de la température, mais aussi l'alternance des températures.

C'est ainsi que l'on a obtenu les résultats ci-dessous en soumettant aux températures suivantes une plante spontanée des environs de Paris, le Teucrium Sco-rodinia:

	Températures	Hauteur totale au bout du même temps -	Longueur des entre-noeuds
Ier lot	Soumis constamment à une température de 4° à 6°.	24 cm.	5 mm,5
2ème lot	- d°- de 15°.	38 cm.	5 mm,6
3ème lot	Soumis le jour à une température de .... 30° - la nuit - 4 à 5°	10 cm.	2 mm,2

Donc, l'alternance de température (c'est par exemple ce qui se passe en montagne) intervient également pour provoquer les phénomènes de manisme.

La température exerce encore une influence sur la floraison. Elle influe notamment sur l'époque de la floraison. Par exemple, dans nos régions la colchique fleurit en automne, tandis qu'au Danemark elle fleurit au printemps. Cela provient de ce que la consommation des réserves se fait dans des conditions différentes.

Signalons enfin l'influence de la température sur la coloration des végétaux, et en particulier des fleurs. Ces dernières tendent à devenir blanches sous l'action de la chaleur. C'est ainsi que pour obtenir des lilas à fleurs volumineuses et blanches on les maintient dans des serres chaudes (30 à 35°) après leur avoir laissé passer l'hiver dans des conditions normales. Le papaver alpinum est normalement jaune d'or; en le maintenant à une température plus élevée on obtient des fleurs blanches.

Action de la pesanteur -

Nous avons vu les phénomènes se produisant chez les végétaux sous l'action de la pesanteur, et notamment comment la racine et la tige prennent leur direction, en étudiant le géotropisme.

Beaucoup de botanistes pensent qu'en l'occurence, la pesanteur, en dehors de l'action attractive ordinaire qu'elle exerce sur tous les corps, exercerait encore une "action directrice" sur l'orientation des racines et des tiges. C'est cette dernière action qui ferait enfoncer les racines verticalement dans le sol et diriger la tige en sens inverse.

Une telle interprétation nous paraît abusive: On conçoit difficilement que la pesanteur, force constante et de direction invariable, soit le facteur déterminant de l'orientation opposée des racines et des tiges.

Il y a lieu de noter, d'autre part, que l'obliquité des ramifications de la racine et de la tige, très variable chez les différentes plantes, reste sensiblement constante dans une même espèce.

Enfin, nous avons vu que si l'on coupe l'extrémité d'une racine principale, une ou deux radicelles de premier ordre placées immédiatement au-dessus de la section redressent leur région de croissance et prennent peu à peu une direction verticale pour se substituer à la portion de la racine enlevée.

Un phénomène semblable, mais en direction inverse , se produit pour la tige principale et les branches.

Là encore, on conçoit difficilement que l'action attractive de la terre ait changé brusquement ses effets habituels et il semble bien que seuls des phénomènes intracellulaires soient intervenus pour modifier l'orientation primitive des radicelles et des branches.

En définitive, il semble que l'orientation des racines et des tiges est commandée par des forces physiologiques internes, résultant des réactions physico - chimiques intracellulaires particulièrement intenses dans toutes les régions en voie de développement.

Ces forces physiologiques impriment à chaque organe, par suite d'adaptations héréditaires, une orientation spécifiquement déterminée. Mais cette orientation est influencée dans une mesure plus ou moins grande par l'action attractive de la pesanteur, ainsi, d'ailleurs, comme nous l'avons vu, que par des inégalités de lumière, d'humidité, etc...

Action de l'électricité -
L'action de l'électricité a été remarquée depuis longtemps. En I783, l'abbé Bertholon constata qu'un pied de jasmin auprès duquel passait la tige d'un paratonnerre se développait plus abondamment que ses voisins.

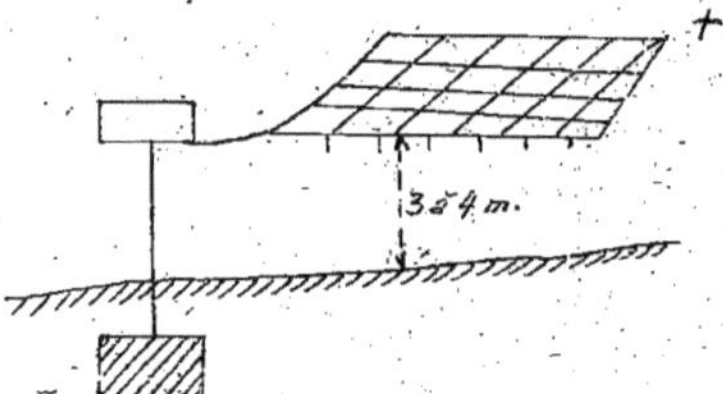

Les frères Paulin construisirent même un électro-végétomètre (figure) grâce auquel ils mesuraient l'accroissement différent des plantes eu égard à la quantité d'électricité se trouvant dans l'air.

Après un orage on constate toujours un plus grand développement de la végétation, lequel n'est pas dû seulement à l'humidité plus grande.

Pour se rendre plus exactement compte du phénomène, on a fait des expériences aux Etats-Unis, en Angleterre, puis en France.

Pointes dirigées vers le sol.

Ces expériences furent faites soit avec des courants continus très faibles circulant dans le sol, soit avec des courants inductifs à décharge lente circulant dans un réseau au-dessus du sol (figure).

On obtint une surproduction de 28 % pour le seigle, 50 % pour le blé, 60 % pour l'avoine. Monsieur Barat, dans le Lot-et-Garonne, constata des résultats analogues sur les pommes de terre et les carottes.

Cette action de l'électricité se manifeste certainement par l'activité plus grande de l'assimilation chlorophyllienne et la plus grande fixation de l'azote par le sol.

Remarque -
Nous avons vu l'action des différentes catégories de radiations (calorique lumineuse , électrique), sur le développement des plantes.   Il reste une catégorie, celle des radiations chimiques, représentée surtout par l'ultra-violet, et qui joue un rôle considérable.

La plus grande partie de cette radiation est absorbée par l'atmosphère. Aussi, sur les montagnes par exemple, où l'atmosphère est moins épaisse, un plus grand nombre de rayons ultra-violets parviennent jusqu'au sol. Il en est de même vers l'équateur, où les rayons solaires arrivent perpendiculairement au sol et traversent ainsi une couche d'air moins épaisse.

On étudie les effets des rayons ultra-violets en utilisant la lampe à quartz, qui n'absorbe pas, comme le font le verre et l'air, les rayons ultra-violets.

On constate que ces radiations chimiques de l'ultra-violet ont une action destructrice. Ils détruisent certains composés chimiques; ils coagulent l'albumine à froid, et par suite le protoplasme. Les bactéries sont tuées en peu de temps.D'où l'utilisation de l'ultra-violet pour la stérilisation des eaux. (Stérilisateur Nogier)

Les rayons ultra-violets agissent aussi sur les parties des végétaux supérieurs et des animaux qui seraient particulièrement exposés à leur action. Ce sont eux qui provoquent les coups de soleil.

Signalons enfin que les rayons X et les émanations du radium sembleraient exercer une influence sur le forçage de certaines plantes.

Actions mécaniques -
Les végétaux peuvent subir fortuitement l'action de chocs mécaniques (grêle, charrue, pierre lancée, etc..) qui déterminent chez eux des blessures, des traumatismes)

Il se forme donc des plaies, lesquelles se cicatrisent en suivant un processus qui est semblable à celui des boutures que nous étudierons plus tard.

La plaie se cloisonne. Il se forme un bourrelet cicatriciel aux dépens des éléments vivants des tissus.

Dans les tissus blessés et au voisinage des éléments morts, il se forme souvent une gomme de blessure, laquelle provient généralement d'une décomposition des matières pectiques des membranes moyennes des cellules. Cette gomme s'écoule à l'extérieur, et à l'intérieur dans les vaisseaux voisins.

Nous allons étudier à titre d'exemple le mode de cicatrisation de la plaie causée par un coup de grêle sur un sarment de vigne vers juillet-août.

Le sarment est alors en période de végétation. La figure ci-contre représente une coupe dans ce sarment.

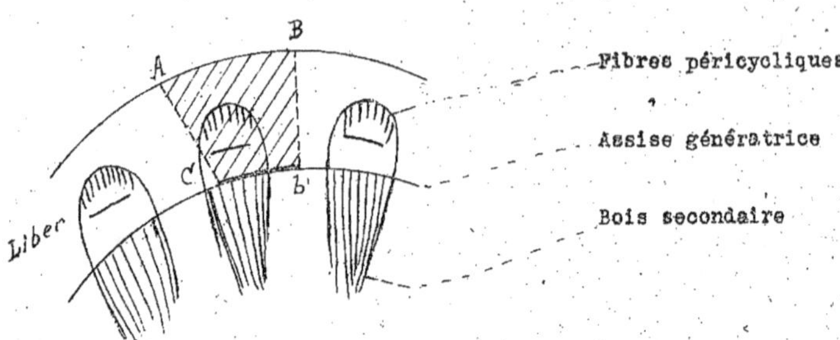

Extérieurement aux fibres péricycliques, nous avons le parenchyme cortical, lequel est encore turgescent, car l'assise produisant le liège n'a pas encore fonc - tionné .

Supposons qu'un grêlon frappe la surface molle externe A B. Il se produit une lésion, laquelle se répercute à l'intérieur, particulièrement sur les cellules minces situées à côté de cellules résistantes. C'est le cas des cellules avoisinant les fibres péricycliques et de celles formant la portion b c de l'assise génératri- ce. Les cellules b c seront même tuées.

Puis toute la région hachurée A B b c arrivera à se désorganiser et à mou- rir.

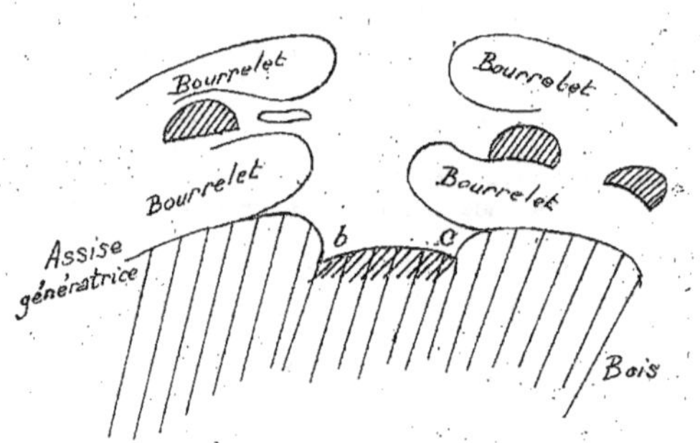

Si nous examinons le même sarment un mois plus tard, nous trouvons que la portion b c de l'assise génératrice est restée à la même place et n'a pas fonc- tionné.

Les autres parties de l'assise génératrice se sont développées, ont donné du bois secondaire. Ces par- ties de l'assise génératrice se rejoignent par un tissu intermédiaire à la région b c.

Dans la région A B b c désorganisée, il se sera formé des bourrelets cicatriciels très actifs aux dépens du parenchyme cortical, du liber et du cambium. Chaque bourrelet cicatriciel sera entouré d'une assise péri- dermique. Ces bourrelets pourront arriver à se rejoindre et alors ils fermeront la plaie. Néanmoins il restera toujours une lésion intérieure.

On obtient des cicatrisations analogues pour des blessures causées par un choc de charrue, une balle de fusil, etc.. Si cette blessure se produit dans un milieu humide, il se forme un bourrelet turgescent qui peut se développer beaucoup.

Les blessures, lésions, peuvent aussi être causées par certains parasites et il tend alors toujours à se former une cicatrisation. Cette dernière peut parfois être complète et enrayer la maladie.

Nous allons citer à titre d'exemple la cicatrisation d'un rameau de poirier attaqué par le champignon de la tavelure.

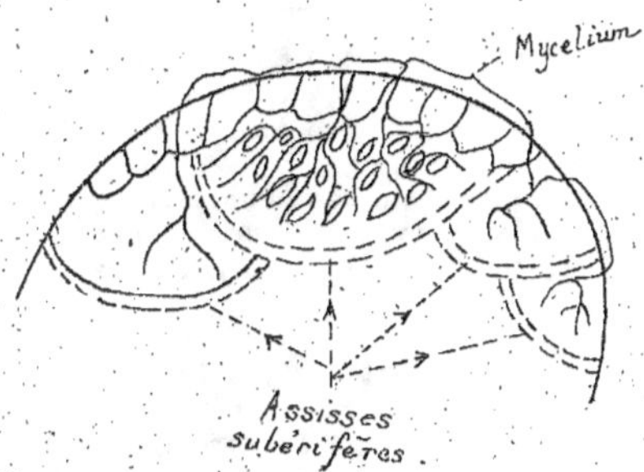

Ce champignon se développe sur la cuticule des tissus jeunes, et aussi dans les cellules épidermiques. Ces dernières sont remplies de filaments mycéliens lesquels se répandent également à l'extérieur.

Au-dessous des filaments, dans l'intérieur du rameau, il se constitue alors une assise de liège qui isole le champignon et protège les tissus sous-jacents.

Le mycelium extérieur alors, suit le contour du rameau et pénètre, par l'extérieur, dans une autre portion, voisine, du dit rameau. Il se forme alors une nouvelle assise subéreuse, et ainsi de suite.

C'est d'une façon analogue que se cicatrisent les plaies des boutures, greffons, marcottes, etc..: il se produit des bourrelets cicatriciels, sur lesquels, comme c'est le cas dans les boutures et marcottes, peuvent se développer des racines adventives.

Lorsque l'on fait des coupes dans les forêts, on sectionne souvent le tronc à la base. On fait alors la coupure bien nette, pour favoriser la cicatrisation, dans le cas où on laisse subsister la souche en terre.

Il se produit alors un phénomène curieux: des bourgeons, dits bourgeons dormants, qui normalement seraient toujours restés à l'état de vie ralentie, se développent et donnent des tiges. Il se reconstituera ainsi de nouveaux arbres. On a obtenu là une véritable régénération.

I4ème Leçon.

2° Action du milieu inorganique pondérable.

<u>Action du milieu aquatique</u> (Faciès hydrophytique)

<u>Eau liquide; vapeur d'eau -</u>
L'eau est indispensable à la plante pour assurer sa croissance et son maintien, par la turgescence. Elle sert également comme agent vecteur des éléments nutritifs, lesquels sont solubles dans l'eau ou dans l'eau additionnée de CO^2. La vapeur d'eau, de par sa densité plus ou moins grande dans l'atmosphère, règle la transpiration de la plante.

Le milieu aquatique détermine chez la plante ces caractères particuliers. Ce milieu contient en dissolution des gaz qui ont une importance considérable. Si l'on fait l'analyse des gaz contenus dans un litre d'air et dans un litre d'eau, à la pression ordinaire, l'eau étant d'abord analysée à 5°, puis à 20°, on obtient les résultats suivants:

	Air	Eau à 5°	Eau à 20°
O	209 cm3	7,3 cm3	5,7 cm3
Az	790 cm3	13,6 cm3	10,7 cm3
CO_2	0,4 cm3	0,6 cm3	0,3 cm3

On voit que, par unité de volume, il y a dans l'eau beaucoup moins d'oxygène que dans l'air, que la proportion de CO^2 est à peu près équivalente dans l'eau et dans l'air, et que, lorsque la température s'élève, la proportion des gaz dissous dans l'eau (et par conséquent celle de l'oxygène) diminue.

La diffusion des gaz dans l'eau s'effectue très lentement, elle est facilitée par l'état d'agitation de l'eau. Dans l'eau les variations de température sont moins brusques que dans l'air. Plus la profondeur s'accroît, plus la température diminue, et par conséquent plus grande est la quantité d'oxygène dissous.

La plupart des végétaux aquatiques ont besoin de beaucoup d'oxygène. Ils ont donc intérêt à ce que l'eau soit agitée: c'est pourquoi la végétation est si luxuriante au voisinage des cascades. Les plantes aquatiques tendent à augmenter leur surface d'absorption, aussi elles se ramifient beaucoup, s'allongent en rubans, etc.

Par contre elles sont soutenues par le milieu aquatique. Il en résulte une réduction de l'appareil mécanique (stéréome).

Une même plante peut d'ailleurs avoir des caractères différents suivant qu'elle pousse dans l'eau ou sur le sol. Si même une partie seulement de la plante est immergée, cette partie seule présente les caractères du faciès aquatique. C'est le cas des renoncules, des sagittaires, dont les feuilles affectent des formes différentes suivant qu'elles sont dans l'air, dans l'eau ou à la surface de l'eau.

Les racines s'allongent très fortement et se ramifient beaucoup, particulièrement si l'eau est bien aérée et agitée. Ce phénomène se remarque très nettement si l'on observe des arbres ayant une partie de leurs racines en terre, tandis que l'autre partie plonge dans l'eau. Ces dernières racines sont allongées, grêles, de coloration rouge, et constituent ce que l'on appelle des "queues de renard". Ces racines étant plus légères, moins protégées, l'osmose peut se faire plus facilement par toute leur surface, et on constate une réduction des poils absorbants.

Le milieu aquatique amène encore des changements plus profonds, dans la structure même des végétaux. Nous avons déjà signalé la réduction du stéréome. Dans la tige, il y a réduction du cylindre central. La structure de la tige se rapproche alors de celle de la racine. Il se produit un grand développement du parenchyme cortical et un petit développement du parenchyme vasculaire.

Si nous faisons une coupe dans la renoncule aquatique, par exemple, nous constatons un grand développement du parenchyme cortical, sans qu'il y ait pour cela un plus grand nombre de cellules. Il se différencie un tissu lacuneux excessivement

net. Il y a constitution de lacunes pleines d'air, lesquelles forment le tissu aéré,
ou <u>aérenchyme</u>.

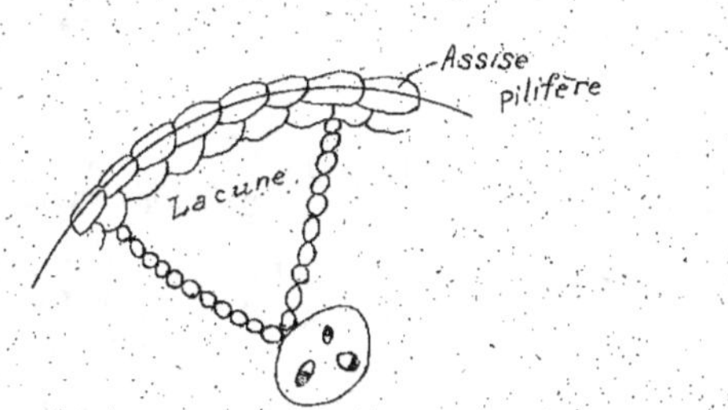

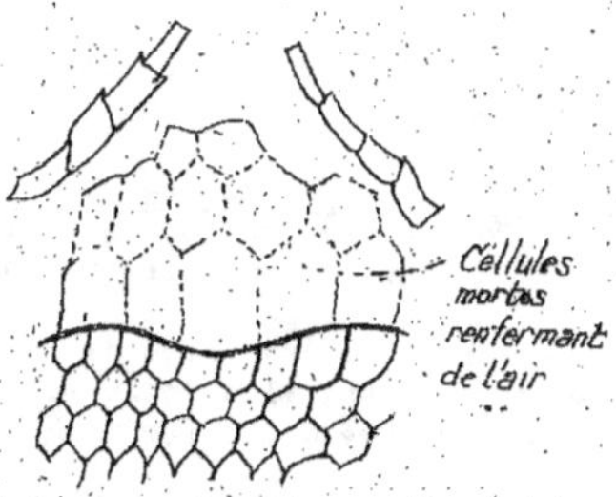

Ces lacunes forment, en section longitudinale de véritables canaux.

Il se produit un retard dans l'établissement des formations secondaires.
De plus dans les végétaux aquatiques, il y a toujours de nombreux <u>lenticelles</u>, organes
permettant la communication de l'air se trouvant à l'intérieur de la plante avec celui
de l'extérieur.

Ces lenticelles sont des ouvertures constituées par des cellules mortes se
remplissant d'air. L'ensemble forme un tissu blanc et spongieux.

Les feuilles des végétaux aquatiques ont le même aspect sur les deux faces et
il y a réduction considérable, parfois même disparition des stomates. Au point de vue de leur
structure interne, on constate qu'il n'y a plus différenciation entre le tissu palissa-
dique et le tissu lacuneux.

De plus, les chloroleucites se rencontrent dans toutes les cellules, même les
cellules épidermiques.

Coupe dans une feuille aquatique

Action de la sécheresse –

On a une preuve que les caractères que nous
venons de décrire sont bien dus à l'humidité et au milieu aquatique dans le fait que si l'on place une
plante dans un état hygrométrique suffisant pour assurer la végétation, mais aussi faible que possible,
la plante se développe avec des caractères inverses
de ceux dont nous venons de parler. Le stéréome et le
tissu vasculaire sont très développés.

En outre, pour protéger la plante contre
l'évaporation, il y a formation de poils et d'épines
sur l'épiderme.

Les feuilles possèdent des stomates nombreux
et profondément enfoncés, avec de grandes cellules
marginales. Quelquefois les stomates eux-mêmes sont protégés par des poils, afin
d'éviter une transpiration exagérée.

Entre les nervures, les cellules épidermiques sont beaucoup plus développées.

très turgescentes. Elles contiennent une réserve d'eau, ce qui les fait appeler cellules aquifères.

Les caractères du milieu sec constituent ce que l'on appelle le faciès xérophytique.

<u>Aliments; poisons. Plantes calcicoles et silicicoles</u>.-
Nous avons étudié dans la première partie du Cours quels étaient les aliments des végétaux, et montré qu'ils se trouvaient dans le sol en proportions variables.

Lorsqu'ils se rencontrent tous en proportions convenables, la plante végète normalement et n'est plus influencée dans son développement que par les actions diverses que nous venons d'étudier.

Lorsqu'un élément non nuisible se rencontre dans le sol en proportion exagérée, la plante, en vertu du principe de l'absorption réglée par la consommation, n'en absorbe qu'une quantité relativement faible. Nous avons vu néanmoins qu'il semblait y avoir parfois exception pour la silice.

A ce sujet, nous allons dire quelques mots sur les plantes <u>calcicoles</u> et <u>silicicoles</u> dont nous avons déjà parlé à propos de la nutrition. On a classé les végétaux en deux grandes catégories: ceux qui sont nettement silicicoles et calcifuges. On ne les rencontre que dans des terrains pauvres en calcaire (calluna vulgaris, rhododendron).

D'autres sont calcicoles et se trouvent dans des terrains renfermant une certaine proportion de calcaire.

Ces deux groupes de plantes sont caractéristiques du milieu, comme d'autres, tels que l'oseille, caractérisent les terrains acides. Mais un grand nombre de plantes sont indifférentes à ce point de vue et végètent aussi bien dans les terrains calcaires que dans les terrains siliceux.

Nous avons signalé plus haut que les plantes calcicoles seraient, contrairement à ce que leur nom semblerait indiquer, des plantes qui n'absorberaient qu'une quantité relativement faible de calcaire et pourraient par conséquent végéter dans un milieu en renfermant beaucoup.

Néanmoins une quantité relativement importante de calcaire est nécessaire à ces plantes pour leur développement convenable: M.Bonnier a cultivé dans un terrain pauvre en calcaire l'ononis natrix, plante calcicole; elle y a végété moins bien, ses tissus étaient moins bien constitués et sa couleur était modifiée.

Des éléments dont la plante a normalement besoin peuvent, lorsqu'ils sont dans le sol en trop grande quantité, occasionner des accidents aux végétaux et se comporter ainsi un peu comme le feraient des poisons. Nous allons citer quelques exemples de ces cas extrêmes :

Une trop grande quantité de <u>calcaire</u> peut occasionner la <u>chlorose</u>. La chlorose consiste en le jaunissement des parties vertes. Elle apparaît sur la vigne, par exemple en mai, juin, et la plante meurt en deux ans environ. Si on examine au microscope, on voit que les chloroleucites sont peu verts; il n'y a presque pas d'amidon, en effet, la fonction chlorophyllienne s'effectue mal.
On traite la chlorose par le sulfate de fer.

Une trop grande quantité d'azote peut provoquer la **verse**, notamment pour les graminées. Le développement des feuilles est favorisé au détriment de celui les vaisseaux et des fibres. Aussi la tige est-elle peu résistante, surtout quand l'épi commence à agir par son poids. On lutte contre la verse surtout en employant des variétés qui y sont particulièrement résistantes.

Mais il existe des corps qui sont pour certaines plantes de véritables poisons. C'est par exemple le cas du **sel marin** (Na Cl).

Il s'effectue une sélection naturelle: un certain nombre de végétaux seulement acceptent le sel.

Cela se produit surtout au bord de la mer, qui accuse ainsi un certain nombre de caractéristiques constituant le facies halophytique.

Exemples de plantes halophytes: mula crythmoïdes, beta maritima, salicornia. Dans les cendres de ces plantes on a trouvé jusqu'à 43 % de sel.

Ces plantes s'adaptent au sel, mais ce sel ne leur est pas nécessaire. Elles peuvent végéter parfaitement dans un terrain ordinaire, mais elles perdent alors leurs caractères spéciaux.

Ces caractères spéciaux sont les suivants: diminution de la surface foliaire (les feuilles sont rudimentaires et plus ou moins arrondies), accroissement de l'épaisseur des tissus + constitution d'une grande réserve intérieure d'eau. Ces plantes sont généralement des plantes grasses.

Ce facies halophytique, que l'on rencontre également dans les terrains salés (Sahara, Jura, environs de Saint-Nectaire) est en somme très voisin du facies aérophytique.

Action du milieu souterrain -

Le milieu souterrain agit surtout par le fait que les parties de plantes qui y sont plongées manquent de lumière. Cette obscurité semble attirer l'amidon, les hydrates de carbone, qui viennent s'accumuler dans les parties obscures.

L'obscurité favorise la tubérisation des plantes: si l'on place une tige feuillue, une bouture de pomme de terre dans une caisse obscure remplie de terre, il se forme des tubercules.

Pour ce qui est de la constitution même des tubercules, des bulbes, des rhizomes, etc., nous renvoyons à ce que nous avons dit plus haut sur ces organes.

---

15 ème Leçon -

Climats -

Le climat d'une région constitue pour les végétaux de cette région une des caractéristiques essentielles du milieu. Il agit par sa température, son humidité, la quantité de lumière que les plantes peuvent recevoir.

On peut tout d'abord, au point de vue du climat, classer les végétaux en trois grands groupes:

a) Le groupe des **régions froides**, caractérisé par des plantes de petite taille ayant des organes souterrains développés, l'absence de forêts. Les plantes polaires, ayant une courte durée de période végétative, produisent leurs fruits très rapidement.

b) Le groupe des **régions chaudes**, caractérisé par une vie active continue. Il y a de nombreuses plantes arborescentes, constituant des forêts (l'humidité et la chaleur se combinent ici pour donner ce résultat).

c) Le groupe intermédiaire des <u>régions tempérées</u>.

Mais cette classification est un peu trop simple, car dans une même grande région il y a de nombreuses différences dans les conditions naturelles: c'est ainsi que suivant les cas, l'altitude vient aggraver ou corriger l'action de la latitude.

Une grande altitude produit une action semblable, au point de vue de la température, à une grande latitude; néanmoins les flores des hautes montagnes ne sont pas absolument les mêmes que les flores polaires, car, notamment, la lumière n'est pas distribuée de la même façon: en montagne il y a alternance régulière du jour et de la nuit, condition que nous ne retrouvons pas au pôle.

Le voisinage de la mer influe également, et particulièrement s'il s'agit d'une mer fermée, comme la Méditerranée.

Les régions chaudes sont également très différentes suivant qu'elles sont humides ou sèches, etc..

En tenant compte de toutes ces considérations, on a pu établir la classification géographique suivante des flores:

a) Les <u>zones polaires</u>, à été très court, mais où la longue durée du jour compense dans une certaine mesure l'insuffisance de la chaleur. Dans la zone polaire <u>arctique</u>, on trouve encore quelques saules et quelques bouleaux, mais leur taille ne dépasse pas quelques décimètres. Seules des plantes robustes telles que les anémones, les saxifrages, ou bien des végétaux inférieurs comme les mousses et les lichens peuvent y croître. Les toundras de Russie, les barren grounds d'Amérique représentent le dernier degré de la végétation polaire.

b) Les régions <u>tempérées</u> de climat <u>continental</u>, où dominent les arbres à aiguilles, les conifères (pin, sapin , mélèze), qui diminuent de taille à mesure qu'on se rapproche de la limite de la végétation arborescente, voisins du cercle polaire.

c) Les régions <u>tempérées</u> de climat <u>maritime</u> qui ont des arbres à feuilles vertes en été, lesquelles jaunissent et tombent pendant la saison froide (chêne, charme, hêtre, etc..)

Les hautes montagnes des régions tempérées déterminent un climat se rapprochant un peu du climat polaire (il en diffère cependant par les caractères signalés plus haut, notamment au point de vue de la lumière) et que l'on désigne sous le nom de <u>climat alpin</u>. Un peu au-dessous de la zone des neiges persistantes, les lichens et les mousses, l'edelweiss au duvet abondant et quelques rares espèces vivaces aux formes rabougries, aux épais rhizomes protégés par la neige pendant les grands froids, constituent les seuls représentants du règne végétal.

Dans les Alpes françaises cette zone est dite zone alpine supérieure. Elle s'étend au delà de 2500 mètres d'altitude. On y trouve notamment: salix herbacea, ranunculus glacialis, androsace helvatica, a.pubescens, a.alpina, a.imbricata.

A une plus faible altitude, c'est la zone alpine inférieure (de 2.500 à 2.200 m.) zone dans laquelle nous trouvons: les rhododendrons, les genévriers nains, les fougères, les lycopodes, les mousses.

Puis vient la zone subalpine (1.200 à 2.200 m.), où l'on rencontre de vastes forêts de conifères, qui font la liaison avec la zone proprement dite tempérée à caractère continental.

d) Sur les bords de la Méditerranée, dans les Indes, en Floride et en Californie, le voisinage d'une mer plus ou moins fermée, donne au climat un caractère particulier du climat littoral, constituant le climat méditerranéen.

Il caractérise des régions chaudes tempérées à pluies d'hiver. On y rencontre des arbres à feuilles toujours vertes, luisantes et couvertes d'un enduit qui rend l'évaporation moins active: chêne-vert, chêne-liège, oranger, olivier, citronnier, palmier nain, pin parasol. C'est le domaine d'origine et de prédilection de la vigne.

e) De part et d'autre de l'équateur, s'étend la région équatoriale et tropicale dont le climat est à la fois très chaud et très humide. La végétation y est exubérante. Les arbres atteignent de très grandes dimensions; tous les végétaux sont très vigoureux.

Citons comme exemples de ces végétaux: les palmiers, le bananier, l'arbre à pain, le figuier banian, le manglier, le palétuvier, les bambous, les fougères arborescentes, le baobab, les lianes, le quinquina, le caféier, le cotonnier, l'arbre à thé, l'eucalyptus.

f) De part et d'autre de la zone tropicale, dans les régions de température chaude à écarts extrêmes, à pluies variables et très rares, s'étendent dans chaque hémisphère les zones désertiques. Les végétaux y sont adaptés au manque d'humidité; les feuilles sont remplacées par des épines; les tissus sont épais et coriaces et contiennent des réserves d'eau: broussaille épineuse, acacia gommier, cactus.

Dans les oasis on rencontre le précieux palmier dattier à l'ombre duquel prospèrent les cultures irriguées.

3° Action du milieu vivant -

Il nous reste à examiner un élément du milieu agissant sur les plantes. C'est le milieu vivant. Les êtres vivants, et en particulier les végétaux réagissent en effet les uns sur les autres.

Nous avons vu un exemple important de l'action du milieu vivant en étudiant la nitrification et les bactéries qui permettent son exécution.

Nous allons étudier ici deux cas particuliers de l'action des êtres vivants sur d'autres êtres vivants: la symbiose et le parasitisme.

Symbiose -

On appelle symbiose l'association de deux végétaux pour la satisfaction d'intérêts communs. Tandis que dans le parasitisme l'une des plantes tire de l'autre tous les bénéfices, sans réciprocité, dans la symbiose chacun des associés apporte à l'association son contingent d'efforts et assure sa prospérité.

On a cru tout d'abord rencontrer dans la nature de nombreux cas de symbiose mais on s'est aperçu par la suite qu'il s'agissait généralement de parasitisme.

Nous avons déjà étudié un cas de symbiose en étudiant les bactéries des racines des légumineuses. Nous allons parler maintenant de l'exemple de symbiose le plus connu, celui des lichens.

Les lichens résultent de l'association d'une algue et d'un champignon.
Une coupe chez un lichen foliacé (le physica parietina) permet de distinguer:

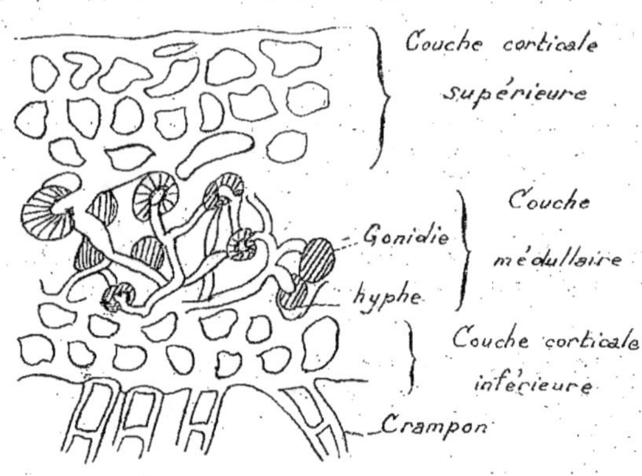

Coupe dans un lichen

I° Une couche corticale supérieure sorte de pseudoparenchyme formé par le thalle du champignon.

2° Une couche médullaire verte composée d'hyphes (filaments incolores du champignon) entoure d'un réseau lâche les cellules vertes de l'algue ou gonidies.

3° Une couche corticale inférieure est formée de filaments incolores serrés émettant des rhizoïdes, lesquels jouent à la fois le rôle de crampons fixateurs et de poils absorbants.

Le champignon incolore, protecteur, puise dans l'algue abritée et pourvue de chlorophylle des principes hydrocarbonés qu'il transforme en albuminoïdes avec le secours de quelques principes minéraux empruntés au support (rocher, écorce,...). L'algue profite d'une partie de ces principes azotés. L'ensemble algues et champignons résiste mieux à la sècheresse et au vent.

On a montré d'une façon indiscutable que le lichen était bien constitué par deux végétaux , en en faisant l'analyse et la synthèse.

Analyse : Quand on immerge pendant longtemps un lichen dans l'eau, le thalle du champignon meurt et met en liberté les cellules ou filaments de l'algue, qui reprend alors le cours normal de son existence.

Si l'immersion du lichen a lieu dans un liquide nutritif propice au développement du champignon, celui-ci peut se développer et fructifier sans le concours de l'algue.

Synthèse : Elle a été réalisée par M.Bonnier(pour le physica parietina) de la manière suivante:

Dans un petit récipient traversé par un courant d'air humide, on sème deux spores du champignon constituant et quelques cellules de l'algue appelée Protococcus viridis. L'air traversant le récipient est privé préalablement de ses poussières, par le passage à travers un tube d'appel rempli de coton roussi.

Les spores du champignon germent en filament qui se différencient en: filaments renflés, filaments chercheurs plus étroits qui se dirigent vers la périphérie à la recherche de l'algue, filaments crampons émis par les précédents autours des cellules vertes rencontrées.

Dès qu'il y a contact entre une cellule d'algue et un filament crampon, la cellule verte s'accroît et se divise plus rapidement que les autres; le champignon lui-même enlace plus étroitement l'ensemble de ces cellules et se ramifie davantage. La symbiose est constituée.

Les filaments chercheurs périphériques qui ne rencontrent plus d'algues s'anastomosent entre eux et avec les filaments renflés, pour former le pseudo-parenchyme protecteur.

Un autre exemple de symbiose nous est fourni par les mycorhizes.

Mycorhizes :
On donne ce nom à des champignons filamenteux qui, tout en envahissant les racines de végétaux supérieurs et se nourissant à leurs dépens, contribuent probablement à leur développement par l'apport des sels minéraux et autres principes assimilables contenus dans le sol:

Tantôt les micorhizes demeurent extérieurs à la racine envahie et l'enveloppent d'un réseau (chêne, chataîgnier); s'il pénètre partiellement dans l'écorce ce réseau provoquera l'hypertrophie de la racine (nodosités de l'aulne).

Tantôt les mycorhizes envahissent les cellules corticales, y forment des pelotons serrés. Par le développement de son thalle en filaments extérieurs aux cellules-abris, le champignon puise pour son compte et pour celui de son hôte, les principes du sol.

Graines d'orchidées :
Les graines d'orchidées en germination sont toujours infestées de petits champignons filamenteux, et elles ne germent bien que si on les sème dans la terre où ont vécu d'autres orchidées et où elles sont assurées de trouver ces organismes filamenteux.

On avait alors conclu qu'il s'agissait d'une symbiose.
Il s'agit en réalité d'une simple invasion parasitaire. En effet, les graines d'orchidées sont minuscules, dépourvues de réserves, et ne peuvent se développer qu'en trouvant autour d'elles les matières alimentaires nécessaires.

Or, chaque fois que ces graines germent naturellement dans le sol, on trouve à l'intérieur de ces graines les champignons dont nous parlons. Mais il faut faire de ces graines deux catégories.

a) Celles qui meurent après avoir germé, tuées par le champignon.

b) Celles qui se développent normalement, après avoir tué le champignon, et qui se nourrissent alors des débris de ce dernier.
Il s'agit donc bien d'une tentative d'envahissement, dont l'orchidée a finalement triomphé.

Tubérisation -
La formation des tubercules serait pour certains botanistes la conséquence
de l'infection des racines ou des tiges par des champignons endophytes.

On pense que la tubérisation de la pomme de terre serait due à des champignons
les fusarium, qui infestent les tiges souterraines pendant la période végétative. Si
on plante des pommes de terre dans un sol pauvre, mais arrosé avec des cultures de fusarium, les rameaux souterrains s'infestent et développent très rapidement leurs tubercules. Dans le même terrain pauvre, dépourvu de fusarium, les pommes de terre donnent
de longs filaments sur lesquels les tubercules n'apparaissent que tardivement et restent
de petites dimensions.

De nouvelles recherches paraissent nécessaires pour préciser le rôle des
champignons endophytes dans la formation des tubercules.

Parasitisme -
Nous avons déjà eu l'occasion, à propos de la fonction chlorophyllienne,
de parler des plantes parasites, saprophytes et épiphytes. Nous renvoyons à cette partie du cours.

Rappelons seulement que l'on distingue: les plantes parasites sans chlorophylle, qui sont les plus nombreuses et les plantes parasites vertes (gui, mélampyre,
rhinante).

Ces dernières n'empruntent qu'une partie de leur aliment au végétal qui les
supporte (pommier pour le gui, racines de graminées pour le mélampyre et le rhinante,
etc.), puisqu'elles sont capables d'assimiler comme les végétaux ordinaires.

Les plantes parasites dépourvues de chlorophylle sont les plus intéressantes.
Elles puisent toute leur nourriture dans l'hôte qui les supporte, affaiblissant ce
dernier et causant des maladies nuisibles à son développement. Elles peuvent même en
attaquant les organes spéciaux de la génération, l'empêcher de se reproduire -(castration parasitaire).

La plupart des plantes parasites causant des maladies chez les plantes, et
particulièrement chez les végétaux cultivés, sont des plantes inférieures, notamment
des champignons (cystopus candidus chez le chou, phytophtora infestans chez la pomme
de terre , oïdium et mildiou chez la vigne, etc..) Certains de ces parasites, ainsi
que nous l'avons signalé plus haut, ne peuvent accomplir leur développement total
qu'avec le secours de deux hôtes successifs: ainsi la rouille du blé se développe
au printemps sur l'Epine-vinette, en été sur le blé.

Signalons enfin pour terminer que les végétaux peuvent être attaqués par
des animaux, particulièrement les insectes et notamment des hyménoptères, qui y dépo-
sent leurs oeufs. Ces insectes déterminent ainsi une excroissance, appelée galle ou
cécidie.

Les cécidies peuvent se développer sur toutes les parties de la plante. Elles
présentent la plus grande variété comme forme, dimensions, structure.

Leur formation paraît provoquée par l'introduction d'un liquide âcre, ino-
culé par l'animal producteur, en même temps qu'il dépose son oeuf. La plante réagit
contre la stimulation qui en résulte par une prolifération abondante des organes ana-
tomiques de l'organe attaqué , et généralement par la différenciation de tissus

nouveaux, qui n'existent pas dans l'organe normal. La gale se creuse des loges dans lesquelles se développent les larves, avant de sortir.

La plus connue de ces cécidies est la noix de galle, prolifération de la
taille d'une grosse cerise, de forme sphérique et de couleur brune, qui se développe à
la face inférieure des feuilles de certains chênes.On utilise la noix de galle pour ses
propriétés astringentes . Elle est plus riche en tanin quand on la recueille avant la
sortie de l'insecte.

Les chênes portent encore: des galles en artichaut (sortes de touffes de
feuilles écailleuses); des galles en chapeau (sortes de lentilles fixées à la face
inférieure des feuilles). Les gallons du Piémont ou de Hongrie se développent sur la
cupule de certains glands.

Les galles de Chine et du Japon, sont produites sur les feuilles du rhus semi-
alata par un hémiptère du genre aphis. Les galles de Mirobalan se développent sur les
feuilles du mirobalanus citrina.

La castration parasitaire consiste en l'impossibilité pour le végétal de se
reproduire, soit parceque ses organes mâles, soit parce que ses organes femelles ont
été attaqués par des parasites, que ces derniers appartiennent au règne végétal ou au
règne animal.

Comme on le voit par ces exemples, l'influence du milieu vivant sur les végétaux peut être considérable.

Fin de la 4ème Partie

Sujets de devoirs sur la 4ème Partie -

XVII - L'eau dans le règne végétal :

    a) Rôle normal de l'eau dans la plante: turgescence, sève, nutrition,
       transpiration, etc...
    b) Action du milieu extérieur aquatique sur les végétaux.

XVIII - Action des êtres vivants sur les êtres vivants :

    a) Action des végétaux sur les végétaux et les animaux.
    b) Action des animaux sur les animaux et les végétaux.

16ème Leçon -

V - Développement et Reproduction des Végétaux.

Croissance, longévité -

L'un des caractères les plus frappants durant le développement des végétaux est l'augmentation de volume ou croissance. Cette croissance s'effectue d'une façon progressive et son effet mesurable est dénommé accroissement.

Si au temps T le végétal a un volume V , il a
au temps T + t un volume V + C , C étant la croissance.
Le rapport $\frac{C}{t}$ est l'accroissement pendant le temps t, ou vitesse de croissance.

Si l'on suit l'évolution du végétal, on constate d'abord que le rapport $\frac{C}{t}$ augmente, puis reste stationnaire et enfin décroît.

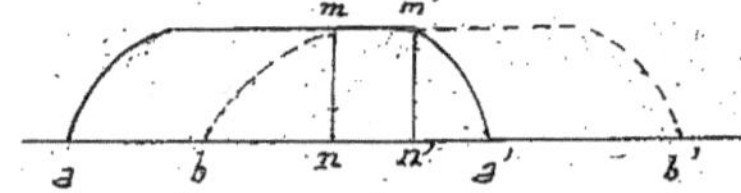

On peut donc tracer la courbe a m a' de la croissance. Mais à un moment donné le végétal commence à décroître et on peut également calculer la décroissance $\frac{d}{t}$

Cette décroissance débute à un moment b, et on peut construire une courbe b m' b' analogue à la précédente.

Nous voyons donc que pour tout végétal, il y a d'abord croissance absolue, puis croissance relative. (c - d)

A la limite m n le volume du végétal ne change plus. C'est l'état adulte qui correspond au contact des deux courbes. A partir de m' n' il y a décroissance relative, puis absolue et mort.

Si cependant la croissance continue régulièrement, il n'y a pas mort de la plante. C'est par exemple le cas du fraisier, qui émet des stolons.

La vitesse de croissance se trouve varier beaucoup suivant les individus. Elle est très faible par exemple chez les végétaux de très grande dimension. Ces derniers peuvent arriver à atteindre un volume considérable qui se traduit par sa capacité de croissance .

La longévité, nous l'avons vu, est très variable suivant les espèces: les unes sont annuelles, d'autres bisannuelles , d'autres vivaces. Certaines, comme les bactéries, peuvent être considérées comme éternelles; elles se reproduisent en effet par scissiparité et c'est en somme le même individu qui se continue.

Nous avons vu également qu'une même espèce, annuelle dans les régions de climat tempéré, peut devenir bisannuelle dans les régions polaires, où elle n'a pas le temps de fructifier dans une saison. Elle peut devenir vivace dans les régions de climat tropical.

Quand un végétal croît, suivant les espèces, il se différencie en tronc, branches, racines, etc.. quand il est suffisamment développé il peut :

a) Détacher de lui des organismes qui peuvent se développer eux-mêmes en donnant des végétaux à peu près identiques. C'est la _multiplication_.

b) Séparer des organismes en général très petits, qui ne peuvent évoluer qu"au contact d'autres organismes différents, mais provenant du même végétal ou d'un végétal analogue. C'est la _reproduction_.

Multiplication asexuée -
La multiplication se produit naturellement surtout chez les êtres uinférieurs (spores des thallophytes, que nous étudierons plus loin).Chez les végétaux supérieurs elles se produit aussi quelquefois naturellement, mais en général elle est provoquée artificiellement par l'homme (pour maintenir par exemple les qualités d'une variété fruitière, qualités améliorées qui ne se transmettent pas toujours intégralement par la reproduction naturelle).

Voyons quelques exemples de multiplication naturelle:
Un pied de fraisier émet des tiges rampantes (stolons)qui s'enracinent aux noeuds et y développent autant de jeunes fraisiers. Les stolons, en se desséchant rendent indépendants tous ces êtres issus d'un même pied. C'est là un _marcottage_ naturel. Un autre exemple est fourni par le chiendent.

Une pomme de terre est un fragment de tige possédant des bourgeons (yeux) capables de donner une tige nouvelle en se nourrissant de la réserve d'amidon du tubercule, lorsque celui-ci est placé dans un sol humide au printemps. Des racines adventives apparaissent sur chaque tige feuillée, émises par le tubercule.

Une plante complète est ainsi formée aux dépens de la pomme de terre qui est une _bouture_.

Chez la ficaire, des bubilles se constituent à l'aiselle des feuilles et, en tombant,peuvent se développer. Chez les plantes aquatiques des rameaux peuvent se détacher, être entraînés par les eaux et se développer ailleurs.
Il s'agit encore là d'un bouturage naturel.

Les procédés artificiels de multiplication sont au nombre de trois: le bouturage, le marcottage et le greffage.

Dans le bouturage, on détache une portion de végétal et on met cette portion en terre pour qu'il s'y développe des racines adventives. Dans le marcottage on ne sépare le nouveau végétal de la plante-mère qu'une fois les racines adventives développées.

La greffe ou greffage est une sorte de bouturage consistant dans le transport d'un fragment de végétal (greffon) sur un autre végétal (sujet), aux dépens duquel il se nourrira.

Bouturage -
On isole un fragment de plante que l'on plonge dans le sol humide et que l'on recouvre parfois d'une cloche, afin qu'il ne se dessèche pas.

Il y a intérêt à prendre sa bouture à l'automne, quand la sève n'est pas en mouvement et à la piquer en terre au printemps, époque à laquelle la sève se remet en mouvement , ce qui favorisera la reprise de la bouture. Pendant l'hiver, la bouture est conservée en "jauge", c'est-à-dire la tête en bas et complètement recouverte de de terre, afin qu'elle ne commence pas à se développer.

On prélève généralement les boutures sur les tiges secondaires (rameaux de saule), quelquefois sur les racines (paulownia) ou même les feuilles (de canne à sucre, bégonia). Dans ce dernier cas les bourgeons et les racines se développent sur les nervures, le limbe disparaît.

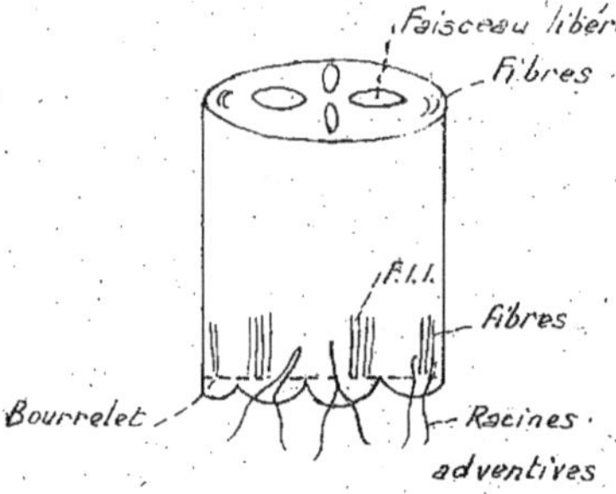

Lorsque la bouture a été mise en terre, la turgescence des cellules, par suite de l'humidité se maintient. Les cellules tendent alors à se développer et à proliférer. Elles se multiplient vers l'extérieur, et il y a formation d'un bourrelet cicatriciel vivant, désordonné.

A la partie périphérique il se forme une assise péridermique donnant du liège, ce qui achève la cicatrisation.

Dans le tissu cicatriciel, il se différencie des cellules vasculaires, constituant un système qui se met en relation avec le système vasculaire du rameau.

Puis des racines adventives se forment, mais dans le péricycle, au-dessus du bourrelet cicatriciel, jamais dans le bourrelet lui-même.

Marcottage -

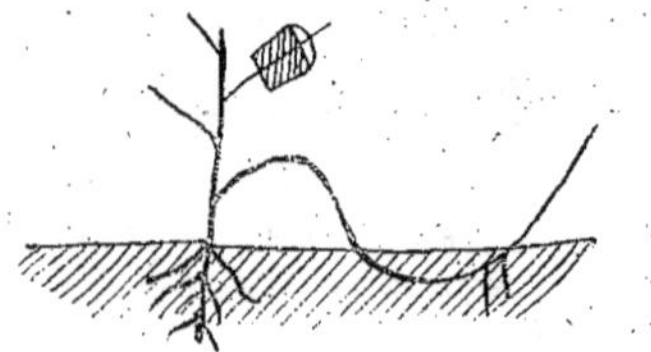

Le marcottage peut être pratiqué de deux façons: on recourbe un rameau en terre. (vigne). Les cellules péricycliques émettent des radicelles et alors on peut séparer le rameau de la plante-mère. C'est ce qu'on appelle affranchir la marcotte.

On peut aussi entourer un rameau d'arbre fruitier d'un pot rempli de terre. Les radicelles se développent: alors on coupe le rameau et on le plante en pleine terre.

Ces deux procédés permettent la conservation des variétés. Les nouvelles plantes ne sont plus influencées que par le milieu. Dans certains cas cependant, il peut résulter, du fait de la blessure, une rupture d'équilibre dans les éléments constitutifs de la plante et il peut se produire une mutation brusque, phénomène dont nous parlerons plus loin.

Greffage -

Dans ce procédé, nous avons vu que l'on isole une portion de plante (greffon) pour la faire développer sur un autre végétal appelé sujet.

Il y a plusieurs procédés pour pratiquer la greffe. Bornons-nous à signaler qu'on les classe en trois grandes catégories: greffe par approche, greffe en fente, greffe en écusson.

Pour que la greffe soit possible, il faut entre les composantes certaines affinités botaniques. La greffe réussit bien entre deux plantes de même espèce, et

souvent entre deux plantes d'espèces différentes, mais appartenant au même genre:
rosier sur poirier, sur églantier; prunier sur merisier.

Quelquefois, il suffit que les plantes appartiennent à la même famille: amandier sur prunier, sur cerisier; pois sur fève. Mais la reprise peut s'effectuer mal.
On dit alors que la greffe boude: le greffon se développe, mais ne fructifie pas.

Pour que la reprise puisse s'effectuer, il faut que les assises génératrices
des deux constituants soient à peu près au contact l'une de l'autre. Il faut que le départ de la végétation ait lieu en même temps chez le sujet et chez le greffon, c'est
pourquoi on réussit peu de greffages d'espèces à feuilles caduques sur espèces à feuilles persistantes). Il est même préférable que le greffon ait un léger retard à la végétation sur le sujet. Autrement on s'exposerait à le voir sécher.

Quand la greffe boude, il se forme au lieu de jonction un bourrelet cicatriciel qui peut atteindre un très grand développement.

La greffe permet la conservation des variétés fruitières, qui autrement feraient
retour à l'état sauvage. Il y a conservation des caractères accidentels et artificiels.
La greffe permet également dans le cas de plantes dioïques, de rapprocher les deux sexes
sur le même pied.

- le greffon conserve presque toujours ses propriétés particulières. Cependant
le changement de nutrition qui résulte pour lui de l'opération du greffage peut modifier
la marche de sa végétation. Les durées d'existence du greffon et du sujet sont modifiées.

Il y a influence réciproque du greffon et du sujet l'un sur l'autre, influence qui peut se traduire au point de vue anatomique par une modification de structure
du greffon.

Certains auteurs vont même jusqu'à prétendre qu'il se produit une véritable
hybridation asexuelle: du fait de l'union il y aurait mélange des caractères, formation
d'un individu mixte.

Mr. A. Gauthier considère qu'il y a union des deux plasmas végétatifs, lesquels
peuvent se dissocier à certains moments.

Cette théorie repose sur un certain nombre d'observations, dont nous allons
signaler quelques-unes:

a.) Oranges bizarria: Ce sont des oranges possédant des quartiers semblables
aux quartiers d'oranges ordinaire et des quartiers semblables à ceux du
citron. Ce résultat fut obtenu vers 1674 par un jardinier de Florence qui
greffa un rameau issu d'un oranger provenant d'une graine sur un citronnier. On n'a jamais pu reproduire ce phénomène.

b) Néflier de Bronveaux
C'est un arbre curieux et très ancien, des environs de Metz, étudié en 1817
par Le Monnier de Nancy.
Il résulterait d'un greffage de néflier sur un pied d'aubépine.
Il y a des rameaux qui portent des feuilles et produisent des fruits de néflier;
d'autres au-dessous de la région d'empâtement, portent des feuilles et produisent des
fruits d'aubépine. Mais, phénomène curieux, un rameau prenant naissance sur la région
d'empâtement, porte des feuilles ayant un caractère intermédiaire entre celles du néflier
et celles de l'aubépine.

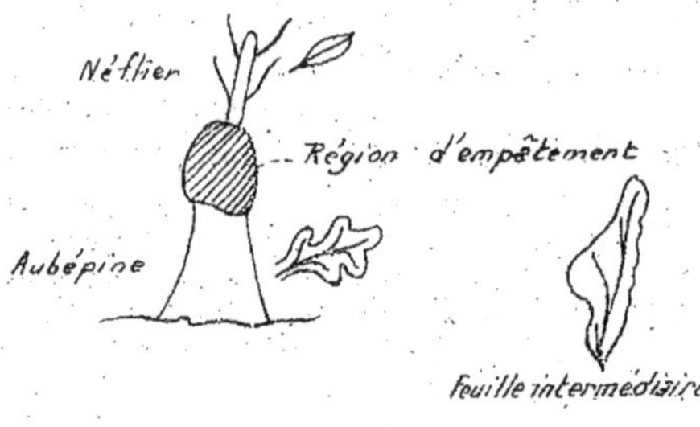

Ce rameau produit égale-
ment des fruits intermédiaires
entre les fruits des deux espèces. Ces fruits arrivent à maturité, mais leurs graines ne sont
pas fertiles.

c) Enfin, on ne se bor-
ne pas à faire des observations.
Ces dernières ont donné des résultats contradictoires.
Par exemple, en greffant des au-
bergines sur des tomates, on a
obtenu des fruits présentant un
caractère intermédiaire (M. Daniel
à Rennes).

Mais M. Griffon, a obtenu cette même modification en sélectionnant des au-
bergines, sans avoir recours au greffage.

Winckler greffa des plans de morelle noire sur des plants de tomate. Quand
la reprise fut effectuée, il supprima la partie supérieure du greffon et pratiqua une
entaille dans la partie supérieure du sujet. Cela afin que les
rameaux se développent dans la région intermédiaire.

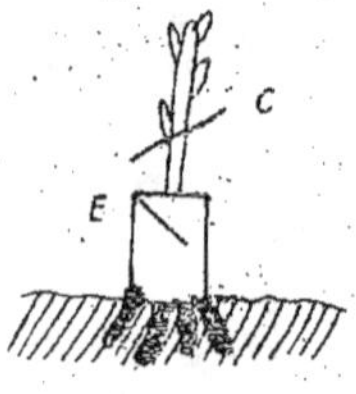

Certains rameaux donnèrent des morelles noires, d'autres des tomates. Cependant, une fois, une des pousses possédait
des feuilles possédant nettement les deux dispositions. On leur
donna le nom de chimères.

L'opération fut répétée: on obtint cinq fois des chimères sur deux cent cinquante greffes. Un des rameaux porteur
de chimères fut bouturé et planté en pot. Il se développa des
fleurs qui étaient bien de nature hybride: leur pollen fécondait
aussi bien les ovules de tomate que les ovules de morelles noires.
Les fruits qui en résultent mûrissent, mais en général
ils n'ont pas de graines.

Quelques uns cependant eurent des graines, dont certaines germèrent. Mais
à la deuxième génération les plantes se rapprochèrent soit de la morelle noire, soit
de l'aubergine.

Spores —

Un grand nombre de végétaux inférieurs (thallophytes) se reproduisent, soit
uniquement, soit dans certains cas, d'une façon asexuée, en émettant des spores.

Citons les exemples suivants de végétaux qui se reproduisent uniquement par
spores:

a) Le champignon de couche se compose: 1° d'un appareil nutritif constituant
le mycélium; 2° d'un appareil reproducteur formé d'un pédicelle ou pied et d'un chapeau.

Le chapeau porte à sa face inférieure des lames rayonnantes sur lesquelles
se produisent des cellules spéciales appelées basides et chacune de ces cellules porte
deux organismes microscopiques appelés spores qui, à la maturité se détachent et germent.

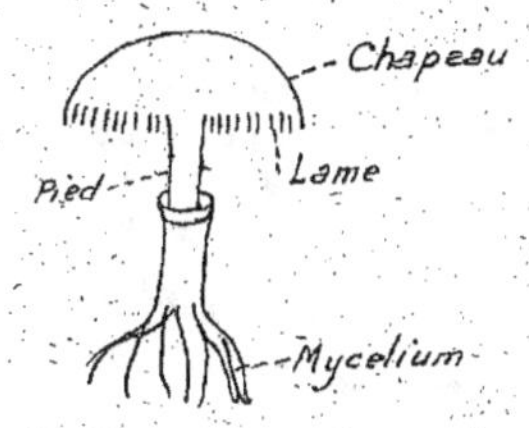

Chaque spore donne ainsi un mycélium. Sur ce mycélium apparaissent çà et là des renflements formés par l'agglomération de filaments mycéliens.

Ces renflements vont grossir et devenir de nouveaux appareils reproducteurs.

b) La levure de bière peut se multiplier par bourgeonnement en produisant des chapelets de cellules nouvelles qui se détacheront et deviendront indépendantes. Cette reproduction a lieu si la levure est placée dans un liquide nutritif convenable.

Si le milieu est défavorable, il se produit à l'intérieur des globules de levure des spores, lesquelles donneront de nouvelles cellules identiques à la cellule primitive lorsque le milieu redeviendra propice.

c) Les Conferves, qui sont des algues filamenteuses vivant dans les eaux douces, se reproduisent uniquement par spores.

Pour cela, le protoplasme de certaines cellules se fragmente en nombreuses petites masses dont chacune donne un corps muni de deux cils. Ce sont des spores mobiles, appelées zoospores.

La paroi de ces cellules se perce en certains points, par où s'échappent les zoospores. Celles-ci nageront pendant un certain temps et se fixeront par leur partie effilée (figure) pour se développer et donner de nombreux filaments de conferve.

<u>Reproduction sexuée</u> –

Mais les végétaux supérieurs ne se reproduisent pas comme nous venons de l'indiquer: ils se développent à partir d'un oeuf ou d'une graine, lequel est produit par l'union de deux cellules ou de deux organismes différents: un organisme mâle et un organisme femelle. Ces organismes sont dénommés gamètes. Cette union porte le nom de <u>fécondation</u>.

On trouve d'ailleurs tous les degrés de passage entre la reproduction asexuée et la reproduction sexuée: il y a d'abord union de deux cellules non différenciées entre elles (isogamie), puis de deux cellules différentes (hétérogamie). Enfin les organismes mâles et les organismes femelles sont portés par des organes de plus en plus différenciés et compliqués (fleurs).

Pour la description anatomique de ces organes, nous renvoyons au Cours de Botanique. Nous allons citer ici quelques exemples en nous plaçant au seul point de vue de la fécondation.

Tout d'abord, chez les végétaux inférieurs, il y a lieu de remarquer que, pour beaucoup d'entre eux, la reproduction, suivant les cas, est asexuée ou sexuée: la reproduction est asexuée (spores), partant plus rapide, si le milieu est favorable; elle est sexuée (oeuf) quand le milieu est défavorable. De sorte que les spores servent plutôt à la dissémination et les oeufs à la conservation de l'espèce.

a) Le Mucor, champignon appelé encore Moisissure blanche , se reproduit suivant les cas par spores ou par oeufs.

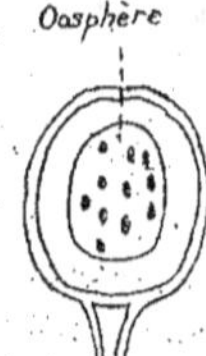

Si ses conditions de nutrition sont défavorables nous voyons deux filaments se rapprocher l'un de l'autre. Puis ces filaments se cloisonnent à une certaine distance, arrivent au contact l'un de l'autre, et leurs contenus fusionnent pour donner un oeuf.
Ce dernier sera capable de germer ultérieurement.

Nous voyons que les éléments reproducteurs ne sont pas différents: les gamètes sont semblables, il y a isogamie.

Si le Mucor est placé dans de bonnes conditions de nutrition, il se reproduit par spores: certains filaments se renflent au sommet et donnent un sporange à l'intérieur duquel le protoplasme se divise en spores, lesquelles, mises en liberté, dissémineront l'espèce, en germant par exemple sur le bois humide.

b) Le cystopus candidus, champignon parasite du chou, se reproduit également suivant les cas par spores ou par oeufs. En automne on peut voir la feuille du chou envahie par les filaments ou mycelium du champignon. Parmi ces filaments, les uns sont munis de suçoirs, d'autres se renflent en boule pour donner l'organe femelle ou oogone, lequel contient un organisme plus différencié, l'oosphère.

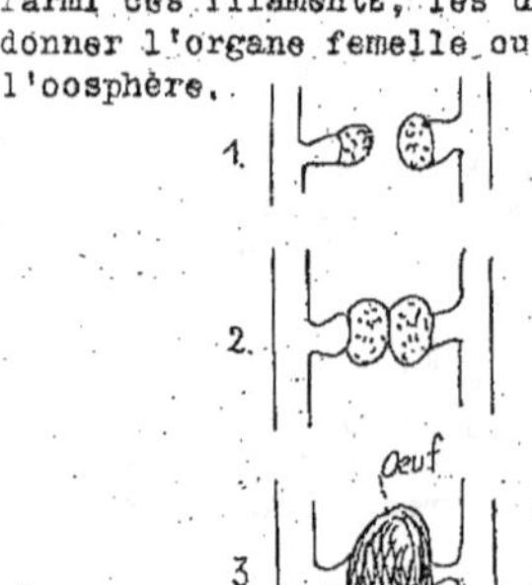

Au-dessous de l'oogone se détache un rameau qui se renfle en massue et vient se placer contre l'oogone: c'est l'organe mâle ou anthéridie.

Puis l'anthéridie pousse un tube fin qui perce la paroi de l'oogone et par lequel le protoplasme de l'anthéridie vient se mélanger avec l'oosphère pour constituer l'oeuf.
Il y a donc ici hétérogamie.

L'oeuf après s'être entouré d'une membrane cutinisée pour passer l'hiver, germe au printemps en envahissant les nouvelles feuilles.

Si les filaments du Cystopus se trouvent à l'intérieur de la feuille de chou dans de bonnes conditions de nutrition, on voit le mycelium pousser en dehors un appareil sporifère formé de rameaux qui vont donner des chapelets de spores.

c) Chez les algues on trouve également la reproduction par spores (conferve) et par oeufs avec isogamie parfaite (mésocarpus), isogamie imparfaite (les deux cellules qui se soudent sont semblables, mais l'une va à la rencontre de l'autre: spirogyre), ou hétérogamie (fucus).

d) Chez les mousses, les lycopodes, les prêles et les fougères, la reproduction est sexuée mais suit le processus suivant: la plante feuillée donne par un organe spécial, le sporange, des spores. Ces spores sont seulement ce qu'on appelle des spores de passage ou diodes. Elles germent en donnant un prothalle sur lequel se développent les organes reproducteurs proprement dits: 1° des organes mâles ou anthéridies dans lesquels se différencieront les anthérozoïdes; 2° des archégones (organes femelles) dans lesquels se différencieront les oosphères.

Un anthérozoïde féconde l'oosphère qui se développe alors en formant l'oeuf. Celui-ci, en germant sur le prothalle donnera la plante feuillée et le cycle recommencera.

17 ème Leçon -

Reproduction sexuée chez les Phanérogames.

Chez les Végétaux supérieurs les organes de la reproduction sont groupés dans la fleur. Pour la description et les modifications de cette dernière, nous renvoyons au cours de Botanique.

Rappelons seulement ici que les organes reproducteurs proprement dits sont protégés par deux enveloppes florales: le calice et la corolle.

L'appareil reproducteur comprend les étamines et le pistil. Les étamines fournissent les cellules mâles et le pistil les cellules femelles.

La fleur qui porte étamines et pistil est dite hermaphrodite. Si la fleur n'a que des étamines, elle est dite staminée ou mâle. S'il n'y a que le pistil et pas d'étamines, la fleur est dite pistillée ou femelle.

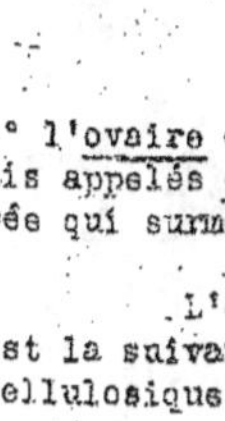

La plante est monoïque (noisetier) si les fleurs mâles et femelles sont portées sur la même tige; elle est dioïque (chanvre, saule) si les deux sortes de fleurs sont portées sur des plantes différentes de la même espèce.

L'étamine est constituée essentiellement par l'anthère, portée par le filet. Cette anthère comprend quatre cavités ou sacs polliniques. Ces sacs polliniques contiennent les grains de pollen qui sont les organismes mâles. Chaque grain de pollen est une cellule à deux noyaux le noyau végétatif (plus gros) et le noyau reproducteur.

Le pistil, placé au milieu de la fleur est constitué par plusieurs éléments appelés carpelles. Un carpelle comprend trois régions: 1° l'ovaire qui est la partie renflée de la base et qui renferme des petits corps arrondis appelés ovules. Ces ovules sont les organismes femelles - 2° le style, partie allongée qui surmonte l'ovaire - 3° le stigmate, partie terminale légèrement renflée.

L'ovule comprend essentiellement le sac embryonnaire dont la constitution est la suivante: au sommet de ce sac se trouve trois cellules dépourvues de membranes cellulosiques. Les deux plus petites sont les synergides. La plus grosse située au-dessous est l'<u>oosphère</u>. C'est l'oosphère qui est la cellule femelle, et qui, après

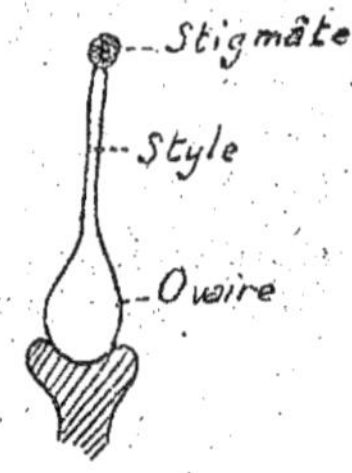

la fécondation donnera l'oeuf et ensuite la nouvelle plante. Au fond se trouvent trois petites cellules: les antipodes. Enfin, au milieu du sac se trouve un noyau volumineux: le <u>noyau secondaire</u>. Ce noyau après la fécondation, donnera l'albumen de la graine qui constitue,comme nous l'avons vu plus haut , une réserve nutritive.

Fécondation.

La fécondation consiste dans la fusion du grain de pollen (dont nous avons étudié dans une autre partie du cours la mise en liberté ou déhiscence) avec l'oosphère. L'oeuf qui résultera de cette fusion donnera naissance en se segmentant à une nouvelle plante.

La fécondation comprend trois phases:

1° La <u>pollinisation</u>: transport du grain de pollen sur le stigmate.

2° La <u>germination</u> du <u>grain de pollen</u> sur le stigmate, et le développement du tube pollinique allant du stigmate à l'oosphère.

3° La <u>formation de l'oeuf</u> par la fusion des deux cellules génératrices.

Pollinisation.

La pollinisation est directe ou indirecte. On dit que la pollinisation est directe (on dit encore qu'il y a <u>autofécondation</u>) quand le pollen d'une fleur tombe sur les stigmates de la même fleur. Cela n'est possible que chez les fleurs hermaphrodites. Toutefois, le pollen d'une fleur de cette catégorie n'arrive pas forcément en totalité sur le stigmate voisin, car le vent et les insectes peuvent en transporter sur des fleurs voisines.

Dans un certain nombre de fleurs des dispositions particulières facilitent ou assurent la pollinisation directe: certaines ont leurs étamines directement au contact du pistil, et comme les grains de pollen y atteignent leur maturité en même temps que les ovules, la fécondation est forcément directe (légumineuses).

D'autres (fuchsia) fleurs sont en forme de cloche pendante avec un style beaucoup plus long que les étamines, de telle sorte que le pollen à sa sortie tombe naturellement sur le stigmate.

On connaît même un certain nombre de fleurs (Rue, Epine-Vinette) chez lesquelles les étamines deviennent mobiles au moment de la fécondation et inclinent leurs anthères jusqu'au contact du sitgmate.

Enfin la pollinisation est forcément directe chez certaines fleurs qui ne s'entrouvrent que longtemps après que les étamines ont atteint leur maturité et que la fécondation est déja opérée. C'est le cas des petites fleurs de la violette.(Ces fleurs sont dites cléistogames).

La fécondation, ou plus exactement la pollinisation, est dite indirecte (on dit encore qu'il y a fécondation croisée) quand le pollen d'une fleur féconde les pistils de fleurs voisines situées sur le même plant ou sur des plants différents. Mais de la même espèce.

La pollinisation indirecte est de beaucoup la plus répandue. Elle est naturellement la seule qui puisse s'exercer chez les fleurs unisexuées que portent les plantes monoïques -chêne, maïs, pin) et les plantes dioïques (chanvre, dattier, saule).

Mais elle est aussi très fréquente dans les fleurs hermaphodites, où certains facteurs la favorisent d'une façon particulière. Ainsi, quand on dispose sur le pistil d'une fleur hermaphrodite le pollen de cette même fleur et celui d'une autre fleur de la même espèce, ce dernier germe beaucoup plus vite que l'autre (il peut prendre une avance de vingt quatre heures). Donc, si une fleur reçoit au même moment de son propre pollen et du pollen étranger apporté par le vent ou les insectes, c'est ce dernier qui germe le plus vite et assure la fécondation.

La fécondation est forcément croisée également chez certaines plantes à fleurs hermaphrodites dont les étamines n'arrivent pas à maturité en même temps que les ovules (plantes dichogames). Si ce sont les étamines qui mûrissent les premières (Composées), il y a protandrie. Dans le cas contraire, il y a protogynie.

Le transport du pollen s'effectue surtout par le vent et les insectes. (L'homme peut aussi le provoquer artificiellement). On appelle plantes anémophiles celles chez lesquelles la fécondation s'opère surtout par l'intermédiaire du vent. C'est le cas pour les arbres et arbustes à chatons (chêne, saule, noisetier). Chez ces plantes il y a une énorme quantité de fleurs mâles, et par suite une quantité considérable de pollen, afin de compenser le gaspillage inévitable.

On appelle plantes entomophiles celles chez lesquelles la fécondation se fait surtout par l'intermédiaire des insectes.

Beaucoup d'insectes (abeilles, papillons, bourdons) sont en effet d'excellents agents de dissémination du pollen. Ils viennent visiter les fleurs pour y puiser leur nourriture. Ils sont attirés sur les fleurs par différentes causes: nectaires, parfums, couleurs. Au passage leur corps se charge de grains de pollen, et en visitant une autre fleur ils pourront se frotter contre le stigmate et y déposer quelques uns de ces grains.

Il existe même certaines fleurs pour qui, eu égard à leur conformation et constitution, l'intervention des insectes s'impose. C'est le cas des orchidées.

<u>Germination du pollen.</u>

Le grain de pollen, une fois déposé sur le stigmate, doit aller jusqu'à l'ovule, et plus particulièrement jusqu'à l'oosphère pour assurer la fécondation.

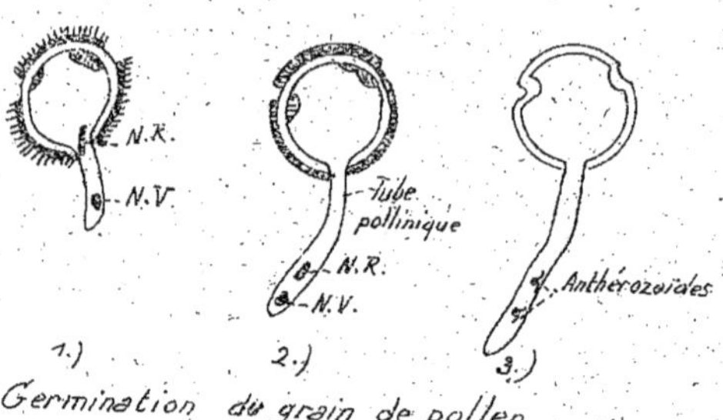

Ce grain est retenu par les papilles gluantes du stigmate. Il se nourrit aux dépens de la matière sucrée qui imprègne ces papilles.

Il va alors germer et pousser un prolongement ou tube pollinique. Le tube pollinique sort du grain de pollen par un pore. Le noyau végétatif passe le premier dans le tube pollinique. Ce noyau disparaît d'ailleurs quand le tube arrive près du sommet de l'ovule.

Le noyau reproducteur pénètre à son tour dans le tube pollinique et s'y divise en deux noyaux qui se recourbent en tire bouchon. Ces deux noyaux qui sont particulière - ment les noyaux mâles portent le nom d'anthérozoïdes.

Le tube pollinique, pendant ce temps a progressé dans le tissu conducteur du style, puis le long des parois de l'ovaire. Il pénètre dans l'ovule par le micropyle et, après avoir traversé le nucelle, il vient au contact de l'oosphère.

Grâce aux diastases qu'il secrète, ce tube a digéré tous les tissus qu'il a rencontrés.

<u>Formation de l'oeuf.</u>

Dès que le tube pollinique pénètre dans le sac embryonnaire les deux anthéro- zoïdes s'en échappent l'un après l'autre.

L'un de ces anthérozoïdes va aller se confondre avec le noyau de l'oosphère pour donner une cellule unique qui s'entourera d'une membrane de cellulose, et consti- tuera l'<u>oeuf</u>, première cellule d'une nouvelle plante.

L'autre anthérozoïde va aller se confondre avec le noyau secondaire. Dès que l'oeuf sera formé, ce noyau secondaire entrera en division pour donner l'<u>albumen</u>, organe transitoire qui servira plus tard à la nourriture de l'embryon.

Il y a lieu de remarquer que la fusion des noyaux des deux gamètes (mâle et femelle) n'a pas engendré un noyau double, mais n'a fait que régénérer un noyau nor- mal pour l'espèce considérée. Dans le lis , par exemple, le noyau mâle et le noyau femelle ne possèdent chacun que douze segments chromatiques. Après leur réunion, le noyau de la cellule-oeuf en a vingt-quatre, comme dans toutes les autres cellules de la plante.

D'après M.Dangeard, c'est le nombre n de chromosomes de chacun des gamètes qui serait celui correspondant à la constitution normale du noyau. Mais ces gamètes, en s'associant, donneraient un noyau à 2 n chromosomes, lequel, par bipartitions successives donne des cellules possédant également des noyaux à 2 n chromosomes. Seules les cellules qui se différencient ultérieurement en gamètes subissent la réduction chromatique et retrouvent ainsi la structure primitive.

La reproduction asexuée serait le mode primitif, mais les bipartitions successives conduisant à la formation des spores auraient eu pour effet d'amener chez ces dernières un véritable épuisement au point de vue nutritif. Elles retrouveraient une nouvelle énergie en s'associant deux par deux. Les gamètes ne seraient ainsi pour M.Dangeard que des spores affaiblies, affamées, incapables de continuer seules leur développement.

Par suite la fécondation se ramènerait à l'absorption par une cellule affamée d'une autre cellule de son espèce.

D'autre part, il y a plusieurs interprétations de la fusion du noyau du sac embryonnaire avec le second gamète du prothalle mâle. Certains botanistes la regardent comme une fécondation véritable donnant un oeuf accessoire qui se segmente et engendre un embryon restant à l'état d'une masse cellulaire indifférenciée appelée l'albumen que l'embryon issu de l'oosphère consomme.

D'autres botanistes pensent qu'il ne s'agit que d'une fausse fécondation parceque, contrairement à la fécondation normale par fusion de deux demi-noyaux égaux il y a fusion de deux masses inégales et assez grandes de chromatine.

Parthénogénèse -
Ce phénomène consiste dans le développement d'une oosphère en embryon sans fécondation préalable par un gamète mâle.

Ce phénomène a été mis en évidence dans ces dernières années dans plusieurs groupes de plantes. Chez une espèce de Marsilie (Marsilia Drummondi), 90 % des embryons seraient parthénogénétiques).

Chez les angiospermes la parthénogénèse aurait été observée dans cinq ou six genres différents(ficus, pissenlit, alchémille).Des fleurs femelles,isolées et rigoureusement préservées de toute pollinisation ont donné des graines dans lesquelles l'albumen lui-même s'est développé.

D'après M.Dangeard , les cellules qui évoluent ainsi en embryon seraient tout simplement des spores. Les spores affaiblies que sont les gamètes pourraient retrouver accidentellement leur énergie dans un milieu nutritif plus riche et elles se segmenteraient alors comme des spores ordinaires sans avoir à se combiner avec d'autres cellules.

Hybridation -
Nous avons vu que la fécondation était directe ou croisée, mais il s'agissait toujours d'étamines et de pistils de plantes appartenant à la même espèce. S'il s'agit de fécondation croisée entre différentes variétés de la même espèce, on a des métis.

Mais la fécondation peut parfois se produire entre deux parents appartenant à deux espèces différentes: on obtient alors des <u>hybrides</u>: hybrides d'espèce quand les deux parents appartiennent encore au même genre, hybrides de genre quand les deux parents appartiennent à des genres différents.

Les hybrides d'espèce ne sont pas rares, bien que souvent, après la fécondation, il y ait arrêt du développement. En général, dans les hybrides, les caractères du père sont les plus marqués.

On connaît quelques hybrides de genre, assez peu nombreux. Ils sont d'ailleurs stériles. En horticulture on pratique fréquemment l'hybridation de genre pour obtenir des formes géantes.

<u>Hérédité</u> -
On a défini l'espèce: le groupe d'individus qui se ressemblent entre eux autant qu'ils ressemblent à leur parents, individus descendus l'un de l'autre ou de parents communs.

Mais, même à l'intérieur de l'espèce, il y a, en plus des caractères communs, des caractères qui diffèrent avec les individus.

Or, nous l'avons vu, la fécondation est généralement croisée. Aussi les enfants n'ont-ils pas toujours les mêmes caractères que leurs parents, et en tout cas pas tous les caractères de leurs deux parents. (On n'a une hérédité complète que dans les végétaux se reproduisant par multiplication: spores ou tout autre moyen).

Et contrairement à ce que l'on a cru longtemps les caractères des descendants ne sont pas la moyenne de ceux des ascendants. De plus il apparaît parfois chez un individu un caractère que l'on avait plus remarqué chez ses ascendants depuis plusieurs générations. C'est ce que l'on appelle l'atavisme.

Une explication de tous ces phénomènes a été fournie par le moine autrichien Mendel, né vers 1822.

Ses conclusions, que nous allons exposer ci-dessous sont connues sous le nom de <u>lois de Mendel</u>.

Un être vivant serait comparable à une mosaïque formée de morceaux juxtaposés ou unités héréditaires appelées caractères, auxquels servent de support des facteurs génétiques ou déterminantes, contenant en puissance les multiples propriétés du caractère considéré. Les facteurs, dans les croisements, jouent tantôt le rôle de mâle, tantôt le rôle de femelle.

Lorsqu'on croise deux plantes, il suffit de considérer seulement les caractères différentiels, puisque les caractères communs se transmettent intégralement comme s'il n'y avait pas de croisement.

Prenons comme exemple le croisement de deux variétés de pois, différant l'une de l'autre par trois caractères:

1° Forme : Le 1er lot de pois possède des graines rondes. Soit A le déterminant correspondant à la forme ronde.
Le 2ème lot possède des graines ridées. Soit a le déterminant correspondant à la forme ridée.

2° Couleur des cotylédons : le N°I possède des cotylédons jaunes (détermi - nant B) et le n° 2 des cotylédons verts (déterminant b)

3° Couleur du tégument: n°I à tégument gris (déterminant C) n°2 tégument blanc (déterminant c)

Les lois qui régissent la transmission des caractères dits mendéliens, dans les hybrides de variétés par exemple, se vérifient seulement à la condition que les hybrides se reproduisent par autofécondation. On peut les formuler ainsi:

I° Les caractères mendéliens sont indépendants les uns des autres; chacun d'eux se transmet comme s'il était seul.

2° Chaque caractère d'un parent rivalise seulement avec le caractère antagoniste de l'autre parent: A rivalisera avec a , B avec b, C avec c.

3° Les facteurs mendéliens de même ordre (A et a, C et c) s'accouplent deux à deux. Si les éléments sexuels (gamètes) sont porteurs des mêmes facteurs, si l'on a par exemple A x A , le produit ressemble à son ascendant. Mais si les gamètes sont porteurs de facteurs antagonistes, si l'on a par exemple, A x a , un seul des deux caractères antagonistes apparaît. Le caractère qui apparaît à la première génération s'appelle caractère dominant; l'autre le caractère dominé, désigné plus ordinairement sous le nom de caractères récessif, existe également dans l'hybride de première génération; il y reste en puissance, mais il est masqué; en d'autres termes, il s'y cache aux yeux de l'observateur, on dit qu'il est latent.

Ainsi l'apparition de A exclut celle de a, C celle de c.

4° Les caractères mendéliens sont indivisibles, c'est-à-dire se transmettent intégralement ou ne se transmettent pas du tout. Notre hybride de pois, par exemple, possédera des graines rondes ou ridées, des cotylédons jaunes ou verts, des téguments gris ou blancs, et pas d'autres, intermédiaires ou non.

5° Les croisements réciproques s'équivalent, c'est-à-dire livrent des produits semblables. Ainsi A ♂ x a ♀ = A ♀ x a ♂ .

6° Les hybrides de première génération sont tous semblables.

7° A la deuxième génération on observe deux sortes d'hybrides qu' s'y rencontrent dans le rapport de un à trois.
25 % présentent le caractère récessif et ce caractère est désormais fixé.
75 % présentent le caractère dominant.

A la troisième génération on constate que , sur ces 75 % , le I/3 soit 25 % est fixé. Les deux autres tiers sont instables, comme les hybrides de la première génération, et se comportent comme eux au cours des générations successives.

Nous allons donner, pour le cas où il s'agit du croisement de pois présentant un seul caractère différentiel (monohybride), le schéma suivant qui résume les résultats dus aux lois observées par Mendel. Une variété de pois possède des graines rondes A, l'autre des graines ridées a. Le triage des caractères s'effectue successivement, d'après le schéma suivant:

A (graines rondes) X a (graines ridées) ; A est dominant, a est récessif.

A a

graines rondes

	A (25 o/o) rondes	2 A a (50 o/o) rondes	a (25 o/o) ridées	
A fixées	fixées A (25 o/o rondes	variables 2 A a (50 o/o) rondes	fixées a (25 o/o) ridées	a fixées
A fixées	fixées A (25 o/o) rondes	variables 2 A a (50 o/o) rondes variables	fixées a (25 o/o) ridées	a fixées
A fixées				a fixées

etc

Les résultats précédents sont expliqués de la manière suivante: lorsqu'on
opère le croisement, l'un des gamètes, c'est-à-dire l'un des corps reproducteurs, mâle
ou femelle, apportera un déterminant A, l'autre un déterminant a. Le produit de la
première génération contient donc à la fois A et a.

Or, tous les hybrides de la Ière génération se ressemblent, et, de plus, tous
possèdent des grains ronds. Nous en concluons , que lorsqu'un hybride possède à la fois
les deux déterminants correspondant à deux caractères qui s'excluent, l'un des déterminant masque l'autre. A masque a, les choses se passent comme si A existait seul. Le
caractère apparu à la première génération, représenté ici par A est dit dominant; le
caractère qui est masqué, représenté par a, est dit récessif ou dominé. Notons que
c'est à la 2ème génération seulement que l'on peut démêler les caractères dominants des
caractères récessifs.

Nous admettons que les hybrides de Ière génération se reproduiront par auto-
fécondation. A la 2ème génération, au moment de la fécondation, pour une raison inconnue, les déterminants ne peuvent plus cohabiter dans la même cellule sexuelle: les
déterminants A et a, simplement accolés, se disjoignent. On dit qu'il y a disjonction
ou ségrégation des caractères.

D'après cela, dans le croisement, le gamète mâle et le gamète femelle s'uniront en apportant chacun A + a . Le schéma suivant permet de se rendre compte facilement des résultats :

Tableau .. ....

Nature du gamète femelle ♀	Nature du gamète mâle ♂	
	A	a
A	A♂A♀ ou A^2	a♂A♀ ou A a
a	A♂a♀ ou A a	a♂a♀ ou a^2
Total $=$	$A^2 + a^2 + 2\,A\,a = (A + a)^2$	

La combinaison AA ou A^2 ne comporte que des pois ronds; la combinaison aa ou a^2 ne comporte que des pois ridés.

Les combinaisons A♂a♀ et A♀a♂, combinaisons réciproques, s'équivalent; nous pouvons donc ne pas établir de distinction entre elles, en représenter la somme par 2 Aa ; elles ne livrent que des pois à grains ronds; c'est à la troisième génération seulement que l'on arrivera à distinguer ceux qui sont stables de ceux qui sont instables.

Remarquons que les 4 combinaisons possibles sont obtenues en élevant au carré la somme A + a des déterminants antagonistes contenus dans les parents.

De nombreuses expériences ont sensiblement vérifié ces résultats.

Variations -

Nous venons de voir un des cas particuliers, une des rares lois connues de cette hérédité qui reste par ailleurs si mystérieuse. Il ne s'agit là d'ailleurs que de phénomènes se passant généralement à l'intérieur de la même espèce.

Pour ce qui est de l'espèce elle-même, on a longtemps cru qu'elle était fixe, immuable et restait telle qu'elle avait été créée.

Mais les découvertes paléontologiques et des observations récentes permettent de mettre cette assertion en doute.

Si l'on a pas pu observer réellement de transformation d'espèces, on a pu créer de nouvelles variétés dans une même espèce, variétés souvent plus différentes entre elles que des espèces voisines rencontrées à l'état spontané. C'est ainsi que dans les jardins les pensées et les dahlias offrent des centaines de variétés distinctes. Un des exemples les plus frappants à cet égard est fourni par les innombrables variétés de choux.

Plusieurs théories ont été émises pour expliquer le mécanisme de ces transformations: les principales sont l'adaptation, la sélection et la mutation.

Adaptation -

L'adaptation était l'unique facteur dont le naturaliste français Lamarck admettait l'influence dans la formation des espèces. Si l'on réussit à maintenir pendant longtemps un être vivant dans des conditions nouvelles, sa forme et sa structure

se modifient; il s'adapte à ces conditions de milieu qui ne lui étaient pas habituelles. Cet être acquiert donc des caractères nouveaux, il en perd d'autres. Ces
changements peuvent devenir héréditaires et produire ainsi des variations importantes.

Nous avons vu dans la quatrième partie de ce cours quelles étaient les
influences des différents milieux sur les végétaux.

Sélection.

Darwin avait cru pouvoir expliquer toutes les transformations des êtres
avec le seul principe de la sélection, lequel est fondé sur l'observation de la
"lutte pour la vie".

On observe, en effet, que si des êtres vivants rassemblés dans une même
région ne trouvent pas des moyens de vivre suffisants, il va s'établir entre eux
une lutte, d'autant plus vive que les êtres se ressemblent davantage (ils ont en
effet alors les mêmes besoins).

Par exemple si deux plantes de même organisation ont leurs racines à la
même profondeur, elles se disputeront entre elles une même portion limitée du terrain, et la plus forte fera périr la plus faible. D'autre part, dans la suite des
générations successives, les raisons qui ont fait survivre cette plante iront en
s'accentuant; de sorte qu'au bout d'un temps très long les variations favorables
s'accentueront par hérédité à chaque génération; les différences entre les plantes
de même origine auront atteint un degré tel que le croisement sera devenu impossi-
ble. Plusieurs espèces seront donc nées d'une seule.

Cette théorie repose sur un grand nombre d'observations de cas de lutte
pour la vie et sur des observations paléontologiques.

Mais les variations qui résulteraient de cette sélection s'effectuent
trop lentement pour que même plusieurs générations humaines puissent en observer
des exemples.

Le principe de la sélection ne suffit donc pas, à lui seul, pour donner
l'explication de l'évolution des êtres.

Mutation.

La mutation est une variation, forte ou faible, qui apparaît brusquement
dans l'espèce jusque là uniforme: elle possède la propriété d'être intégralement
transmissible. Lorsque, par exemple, dans un groupe de plantes normales à tiges arrondies, on découvre tout à coup un individu dont la tige est aplatie, ou tordue,
on dit qu'il y a variation brusque. De plus, les graines récoltées sur ces individus anormaux donnent naissance à des espèces dont les caractères se maintiennent
stables.
On peut ainsi assister actuellement à la création d'espèces nouvelles.
Ce fait a été étudié avec le plus grand soin par Hugo de Vries, professeur à
l'Université d'Amsterdam, et c'est ce savant qui lui a donné le nom de mutation.

C'est ainsi que dans un semis de Linaria vulgaris, de Vries a vu apparaître, au lieu des fleurs bilabiées habituelles, des fleurs à symétrie radiale,
et cinq éperons au lieu d'un. Cette mutation s'observe dans la nature.

Mais on a pu provoquer artificiellement des mutations de ce genre, et elles peuvent avoir la plus grande importance en agriculture. M. Nilsson, à Svalöf (Suède), a remarqué chez diverses céréales des variations brusques, dont il est parvenu à fixer les caractères. C'est ainsi qu'on est arrivé à cultiver, à Svalöf, une sorte d'orge dont la pureté en amidon dépasse 97%, tandis que les meilleures races obtenues en Hongrie, par sélection, n'ont qu'une pureté de 60 à 76%.

En France, M.Blaringhem a provoqué des anomalies se transmettant héréditairement en produisant des blessures à un certain moment du développement de la plante. C'est ainsi que ce botaniste, soit en sectionnant des tiges de maïs en travers ou en long, soit en tordant les tiges sur elles-mêmes, a provoqué expérimentalement des anomalies du maïs, par exemple des épis rameux ayant des fleurs mâles et des fleurs femelles. En cultivant les graines de ces anomalies, on a obtenu un grand nombre de formes nouvelles.

Il faut probablement conclure, en résumé, que les variations dans les espèces sont dues à deux principales sortes de causes:

Une lente sélection due à la lutte pour la vie, sélection qui peut être troublée dans certains cas par des mutations brusques.

Fin de la 5ème partie et du Cours de Physiologie Végétale.

Sujets de devoirs sur la 5ème partie.

XIX.Reproduction chez les végétaux:

a.) Transitions entre la multiplication et la reproduction.

b.) Modifications de l'espèce transmises par la reproduction.

XX.-Multiplication chez les végétaux:

a) Multiplication naturelle (végétaux inférieurs).

b) Multiplication artificielle (végétaux supérieurs).